図解即戦力　豊富な図解と丁寧な解説で、知識0でもわかりやすい！

ビッグデータ分析 の
システムと開発が
しっかりわかる教科書

これ1冊で

渡部徹太郎
Tetsutaro Watanabe

技術評論社

ご注意：ご購入・ご利用の前に必ずお読みください

■ 免責

本書に記載された内容は、情報の提供のみを目的としています。したがって、本書を用いた運用は、必ずお客様
自身の責任と判断によって行ってください。これらの情報の運用の結果について、技術評論社および著者は、い
かなる責任も負いません。

また、本書に記載された情報は、特に断りのない限り、2019年9月末日現在での情報をもとにしています。情
報は予告なく変更される場合があります。

以上の注意事項をご承諾いただいた上で、本書をご利用願います。これらの注意事項をお読み頂かずにお問い合
わせ頂いても、技術評論社および著者は対処しかねます。あらかじめご承知おきください。

■ 商標、登録商標について

本書中に記載されている会社名、団体名、製品名、サービス名などは、それぞれの会社・団体の商標、登録商
標、商品名です。なお、本文中に ™ マーク、® マークは明記しておりません。

はじめに

● ビッグデータ分析のシステムと開発がしっかりわかる教科書

　近年、大量のデータから知見を見出す「機械学習」が盛んになっており、機械学習を実現する上で欠かせないビッグデータ分析も注目を集めています。多くの企業ではビッグデータ分析を用いて企業価値を高めようと実証実験が活発に行われています。

　しかし実際の現場では、実証実験ではうまくいっても実際に本番システムに導入することができず、結果として企業の意思決定に利用されなかったり利益向上に結びつかないという現実があります。その理由の多くは、実証実験をする能力と本番システム化する能力が全くの別物であるためです。

　本書は一般的な企業においてビッグデータを分析する本番システムを作るための教科書です。具体的には、データを生成して収集する、整理して蓄積する、そして分析した結果をもとに企業の意思決定や利益向上に活用する、これらのすべてについてシステムの実践的な作り方を説明します。また、システムを作る上で欠かせない「分散処理」と「機械学習」については丁寧に説明しています。加えて、システムを作る上で必要な技術だけでなく「人」についても説明します。すなはち、データサイエンス担当、データエンジニアリング担当、そしてデータビジネス担当がそれぞれ何をすべきかについて解説しています。

　最後に、本書は筆者がインターネット事業をしている企業において実際にシステム構築・運用した経験をもとに執筆しました。そのため、本書の内容はインターネット事業をしている企業にもっともマッチしています。それ以外の業態の企業には当てはまらないこともあるかもしれませんが、できるだけ汎用性を持たせて説明していますので、参考になる箇所があれば幸いです。

2019年9月　渡部徹太郎

目次　Contents

1章
ビッグデータ分析の全体像

01 ビッグデータと分散処理
〜インターネットの普及によるデータ量の増加〜 010

02 非構造化データの増加と機械学習
〜テキスト、音声、画像データなどの分析〜 014

03 ビッグデータ分析システム
〜分散処理と機械学習を駆使してデータを利益に変える〜 018

04 企業のビッグデータ活用段階
〜ビッグデータ分析はスモールスタートで始める〜 022

05 ビッグデータ分析を活用するための三つの役割
〜データビジネス、サイエンス、そしてエンジニアリング〜 028

06 エンジニアリングの希少価値
〜実証実験はできても本番システム化できていない〜 034

2章
ビッグデータ分析システムの
アーキテクチャ

01 アーキテクチャの全体像
〜データの収集・蓄積・活用〜 040

02 データの生成・収集
〜事業システムで生成し分析システムに収集する〜 044

03 データ蓄積
〜データレイクとデータウェアハウス〜 048

04 データ活用
〜データを意思決定・利益向上に利用〜 052

3章
分散処理の基礎

01 ボトルネック解析
　〜性能問題対応の基本〜 056

02 ボトルネック以外の性能問題考慮点
　〜メモリの枯渇、ボトルネックがないのに遅い〜 060

03 分散ストレージ
　〜ディスクのボトルネックを解消する技術〜 064

04 分散計算
　〜プロセッサのボトルネックを解消する技術〜 068

05 分散システムのネットワーク
　〜ネットワークのボトルネックにならないために〜 072

06 リソースマネージャ
　〜分散処理を支えるリソース管理〜 076

07 分散処理の作り方
　〜Hadoop、自前開発、クラウドサービス〜 078

4章
機械学習の基礎

01 機械学習
　〜数値ベクトルに変換されたデータを処理する関数〜 084

02 データの準備と前処理
　〜機械学習の開発プロセス（前編）〜 090

03 モデル推定とシステム化
　〜機械学習の開発プロセス（中編）〜 094

04 本番リリースとエンハンス
　〜機械学習の開発プロセス（後編）〜 098

05 ディープラーニング
〜機械学習ブームの火付け役〜 102

06 機械学習ツール
〜エンジニアでも知っておくべき主要ツールを紹介〜 106

07 サイエンスとエンジニアリングの役割分担
〜システム化やデータ準備等行うことはたくさんある〜 112

5章
ビッグデータの収集

01 バッチデータ収集とストリームデータ収集
〜データ収集の種類〜 116

02 ファイルデータ収集とファイルフォーマット
〜ファイル形式のデータを収集する〜 120

03 SQLによるデータ収集
〜データベースからのデータ収集（前編）〜 124

04 データ出力や更新ログ同期によるデータ収集
〜データベースからのデータ収集（後編）〜 128

05 APIデータ収集とスクレイピング
〜その他のバッチデータ収集〜 132

06 バッチデータ収集の作り方
〜ETL製品を利用するか自前で作るか〜 136

07 分散キューとストリーム処理
〜ストリームデータ収集の全体像〜 140

08 ストリームデータ収集における分散キュー
〜分散キューの特性を理解する〜 144

09 プロデューサー、分散キュー、コンシューマー
〜ストリームデータ収集の作り方〜 148

10 データ構造変更対応
〜データ構造はビジネスの成長とともに変わる〜 152

目次 Contents

6章
ビッグデータの蓄積

01 データレイクとデータウェアハウス
　　　〜生データと分析用のデータは別に用意する〜 ……… 158

02 アナリティックDB
　　　〜オペレーショナルDBとアナリティックDBの違い〜 ……… 162

03 列指向フォーマット
　　　〜列方向にデータを圧縮して分析処理を高速化する技術〜 ……… 166

04 SQL on Hadoop
　　　〜アナリティックDBの選び方（前編）〜 ……… 170

05 DWH製品
　　　〜アナリティックDBの選び方（後編）〜 ……… 176

7章
ビッグデータの活用

01 データマート
　　　〜目的別に加工されたデータ〜 ……… 182

02 アドホック分析
　　　〜自由にデータを分析して意思決定する〜 ……… 188

03 アドホック分析環境の構築
　　　〜データ利用者サポートやリソース管理が必要〜 ……… 192

04 データ可視化
　　　〜誰でもデータをもとに意思決定できるようにする〜 ……… 196

05 データアプリケーション
　　　〜インターネット事業会社での活用事例〜 ……… 200

8章
メタデータ管理

01 全体像と静的メタデータ
〜メタデータ管理の全体像（前編）〜 …………………………………………… 204

02 動的メタデータとメタデータ管理実現方法
〜メタデータ管理の全体像（後編）〜 …………………………………………… 208

03 データ構造管理
〜どのように定義されたデータか〜 ……………………………………………… 212

04 データリネージ管理
〜そのデータはどこから来てどこに行くのか〜 ……………………………… 218

05 データ鮮度管理
〜そのデータはいつ時点のデータなのか〜 …………………………………… 222

索引 ……………………………………………………………………………………… 227

1章

ビッグデータ分析の全体像

インターネットやスマートフォンの普及により、データの量と種類が増加しました。このデータを活用して、企業の意思決定や利益向上に結びつけることがビッグデータ分析です。本章では、ビッグデータ分析の中心技術である分散処理と機械学習の説明と、それを用いたビッグデータ分析システムの全体像について説明していきます。

Chapter 1　ビッグデータ分析の全体像

01 ビッグデータと分散処理
～インターネットの普及によるデータ量の増加～

インターネットが普及したことにより、扱うことができるデータの量が爆発的に増加しました。そのため、複数のコンピューターでデータを処理する分散処理が必要となりました。

● 昔からあるデータ分析

データ分析そのものは昔からあるとても身近な業務です。
データから何か知見を得て意思決定や利益向上に利用する行為はすべて**データ分析**といえます。

■ 小さいデータの計算は一つのコンピューターで可能

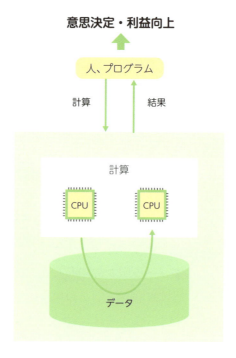

010

たとえば、会社の経理担当が表計算ソフトを使って部署のコストを集計し、コストの削減案を考えることは、データ分析の例でしょう。これくらいのデータであれば100MBもないため、パーソナルコンピューターのスプレッドシートアプリケーションで扱えます。

ほかにも、在庫情報をもとに入荷する商品の量を変えることも、在庫情報からコスト削減を実現しているためデータ分析といえます。この場合のデータ量は多くても数十GB程度でしょう。さすがにパーソナルコンピューターでは扱えませんが、一つのデータベースサーバで扱うことができ、SQLのようなプログラミング言語を用いて分析できるでしょう。

このような会計データや在庫データは、企業内で生み出されるデータであり、これまでは一つのコンピューターだけで処理可能でした。

● データ量の増加

企業内のデータを分析するだけなら一つのコンピューターで実現できました。しかしインターネットの普及とともに、企業内だけでなくインターネットからもデータを収集できるようになり、扱うデータの量が莫大に増えました。

顧客（カスタマー）の多くがインターネットで情報を検索し、企業のWebサイトで商品の購入をするようになったため、カスタマーに関するデータが多く扱えるようになりました。

Webサイトで商品を購入すると、企業側はカスタマーのさまざまな行動を細かく知ることができるようになります。たとえば、どんな広告を見て、どんなキーワードで検索し、どの商品と見比べて、どれくらいの時間をかけて商品を選んだか、すべてわかるようになります。さらに、それぞれの行動におけるカスタマーのマウスの動きや画面タッチの情報、そして位置情報を取得することも可能です。

インターネットがない時代は商品を購入したかどうかの情報しかなかったのに対して、インターネットから得られるカスタマーの情報は十倍から千倍のデータ量になります。

また、インターネットの普及により自社以外のデータを収集できるようになりました。たとえば、インターネットで提供されている気象のオープンデータ

を用いて、天気と売上との関係性を分析することはよく行われます。ほかにも、カスタマーが競合他社に奪われてしまったかどうかを調べるために、外部データを購入することもあります。SNSにおける自社製品の口コミ情報を分析して、商品に対する評判を調べることも重要でしょう。

このように、インターネットの普及によりデータ量が増加しています。

● 分散処理

大量のデータを処理するためには、一つのコンピューターでは処理しきれません。**分散処理**が必要です。

たとえば、100万を超えるカスタマーのWebサイト上のクリック履歴を一つのサーバ上のデータベースで集計しようとしても、データ量が10TBを超えてしまい一つのサーバに入り切らない可能性があります。仮にデータが入れられたとしても、1日分のデータを集計に24時間以上かかる可能性が高く、業務で使えない可能性もあります。このような一つのコンピューターでは処理しきれないデータを、複数のコンピューターで処理することを、分散処理といいます。

分散処理では、データを分散して複数のコンピューターで格納します。また、分散した複数のデータに対して計算を行うコンピューターも複数台用意します。そして複数台のコンピューターに処理を分配するために**コーディネーター**を準備します。

コーディネーターとは複数のコンピューターを協調させて一つの処理を行うためのとりまとめプログラムです。計算する場合はコーディネーターに対して計算を依頼します。するとコーディネーターは計算を分解して、それぞれのコンピューターで部分的に処理できるように変換します。それぞれのコンピューターでは分散されたデータに対して部分計算を行い、結果をコーディネーターに返します。コーディネーターは部分計算結果をまとめてアプリケーションに返却します。

■ ビッグデータは複数のコンピューターで分散処理が必要

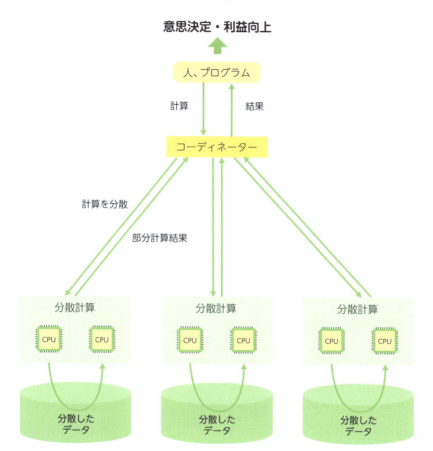

まとめ

- データ分析とはデータをもとに意思決定や利益向上することであり、昔からある業務
- インターネットの普及によりデータ量が増加した
- 大量のデータを現実的な時間で処理するには分散処理が必要

Chapter 1 ビッグデータ分析の全体像

02 非構造化データの増加と機械学習
～テキスト、音声、画像データなどの分析～

インターネットやスマートフォンの普及により、画像や音声データが増えてきました。これらは構造のない非構造化データであるため、分析するためには機械学習による処理が必要です。

● データの種類の増加

分散処理により大量のデータを処理できるようになりました。しかし、インターネットが普及したことにより、データの量だけでなくデータの種類も増えてきました。それは**非構造化データ**と呼ばれるデータです。

従来から存在する部署のコストや在庫情報などのデータは、どれも表形式のデータでありデータの構造があらかじめ決まっています。これを**構造化データ**といいます。しかし、近年増えているデータの多くは構造を持たない非構造化データです。特にビジネスのシーンで利用されることが多い非構造化データは**テキストデータ**、**音声データ**、そして**画像データ**です。

テキストデータの例はSNSの口コミ文章です。企業にとって、口コミ情報はカスタマーの生の声が聞けるため、分析することにより価値を出しやすいです。ほかにも、企業とカスタマーの間でやり取りされる問い合わせデータがあるでしょう。カスタマーの質問テキストとそれに対する回答テキストは、分析することによりFAQサイトを作れたり、チャットボットや電話自動応答に応用できたりする重要なデータです。

音声データも活用が期待されています。近年普及してきた音声アシスタントはよい例でしょう。企業のコールセンターにおいて、音声自動応答でコールセンターの負荷を下げるケースも数多く存在します。

画像データの例は数え上げればきりがありません。フリーマーケットサイトにおいてカスタマーが掲載する商品の画像を自動的に分類する。名刺管理アプリケーションにおいて名刺に書かれた文字を認識する。工場の生産ラインにおいて商品の画像から欠陥を判定する。医療の現場において細胞の画像から病気

014

かどうかを判定する。現在もっともデータ活用が盛んな分野が画像処理です。

このように、従来の表形式で表現できる構造化データだけでなく、非構造化データを扱う場合が増えてきています。

非構造化データ処理

非構造化データは0と1の羅列からなるバイナリのデータであるため、そのままでは意味がわかりません。分析を行うためにはデータ構造を定義して意味を解釈できるようにする必要があります。テキストであれば、テキストを単語ごとに分解する、要約を作る、ポジティブ・ネガティブ判定をする等の変換を行うことにより分析で利用できます。音声データであれば、音声をテキストに変換し、その後テキスト分析の技術を利用します。画像データであれば、その画像の中に写っているものを分類したり、それらの位置を抽出したりすることにより、分析で利用できます。このように非構造化データを構造化データに変換して分析で利用します。

■ 非構造化データ処理

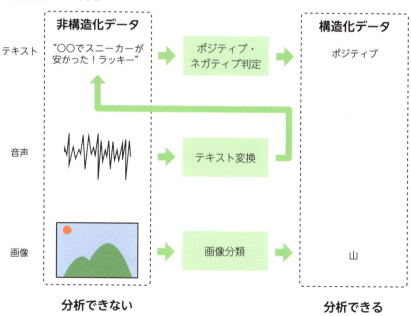

非構造化データを構造化データに変換した後の利用方法は、直接利用と間接利用の二つがあります。直接利用の例は、音声を認識して文字に起こすサービスを作る、生産ラインの商品の画像を認識して欠陥があれば警報を鳴らす等が挙げられるでしょう。間接利用の例は、SNSの口コミテキストのネガティブ・ポジティブ判定を行ったのち、それをレポートにして商品開発に役立てることが挙げられるでしょう。ネガティブ・ポジティブ判定とは、そのテキストが企業にとってよいことをいっているのか悪いことをいっているのかの二つの値に分類することです。

機械学習

　非構造化データを構造化データに変換する処理には、**機械学習**がよく用いられます。

　機械学習とは、人間が手組みでプログラムを書いて解くことが困難である計算問題を、自動的にプログラムを生成することにより解く方法です。人間がプログラムの原型「モデル」を作り、大量の学習データを使ってプログラムのチューニングを繰り返すことにより、計算問題に対して正解に近い値を求めます。このように学習されたモデルを「**推定済みモデル**」といいます。この推定済みモデルを用いて、未知のデータを予測します。

■ 機械学習のプロセス

モデルの推定

推定済みモデルによる予測

前述の非構造化データを構造化データに変換する問題は、人間が手組みでプログラムを組むことが難しい問題の代表例です。以前は手組みのプログラムで問題解決に取り組んでいましたが、近年では大量の非構造化データが簡単に手に入るようになったため、機械学習により自動的にプログラムを生成するほうが手組みのプログラムよりも性能が高くなっています。

○ 構造化データの機械学習

　近年では、機械学習を画像認識や音声認識に活用するケースが注目を集めているため、機械学習といえば画像やテキスト等の非構造化データに利用するイメージが強いでしょう。しかし、実際にビジネスの現場では表形式の構造化データに対する機械学習も多いです。

　たとえば、大量のカスタマーの行動ログからそのカスタマーが離脱してしまう確率を予測することが一例でしょう。カスタマーの行動ログはカスタマーがいつどんな行動をしたかが蓄積されている表形式のデータです。行動にはさまざまな種類があるため、100以上の列を持つテーブルになります。機械学習では、このテーブルのデータと過去に離脱したかどうかのデータをもとに推定済みモデルを作り、その推定済みモデルを使って今後カスタマーが離脱するかを予測します。

まとめ

- テキスト、音声、画像などの非構造化データが増えている
- 非構造化データを分析するには構造化データへの変換が必要であり、機械学習が活用できる
- 機械学習は非構造化データだけでなく構造化データに対しても利用する

Chapter 1　ビッグデータ分析の全体像

03 ビッグデータ分析システム
～分散処理と機械学習を駆使してデータを利益に変える～

これまで説明した分散処理と機械学習がビッグデータ分析の中心技術です。しかしこの技術だけではビッグデータ分析システムを作ることはできません。システム全体の理解、関係する人の役割、そして活用段階の理解が必要です。

● ビッグデータ分析システムの全体像

これまで説明した分散処理と機械学習がビッグデータ分析の中心技術です。しかしこれだけではビッグデータ分析はできません。まずはビッグデータ分析を実現するための**ビッグデータ分析システム**について全体像を説明します。

■ビッグデータ分析システムの全体像

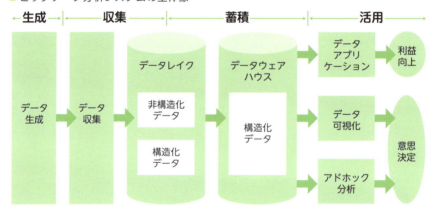

まずはデータの**生成**です。データは自然には生まれません。Webサイトの分析であれば、Webサイトにデータを生成するしくみを埋め込みます。

そして、生成されたデータを**収集**するしくみが必要です。大量のデータを収集する部分に分散処理の技術が使われます。また日々変化するデータに対応するためのシステム運用も求められます。データの収集については、第5章で詳しく解説します。

集めたデータはデータレイク（P.48参照）と呼ばれる保管場所に**蓄積**されます。このときは非構造化データと構造化データが混ざってそのままでは活用できませんので、活用できるように構造化しつつ整理してデータウェアハウス（P.158参照）に格納します。データの蓄積については、第6章で詳しく解説します。

そしてデータウェアハウスのデータに対して、データを活用していきますが、その方法は、主に三つあります。それは意思決定に利用するための「**アドホック分析**」と「**データ可視化**」、そして利益向上を実現するための「**データアプリケーション**」です。データの活用については、第7章で解説します。

本書はビッグデータ分析システムを作るための解説書ですので、第2章以降はこの概要図を具体的なアーキテクチャ図に詳細化して、実践的な作り方を説明していきます。

ビッグデータ活用段階

このようなビッグデータ分析システムですが、最初にシステム全体を設計して設計どおりにシステムが完成するといったことは、ビジネスの現場で起きることまずないでしょう。そうではなく、スモールスタートでシステムを作り、成果を積み上げて徐々に進化していくことが実際の現場で起こることです。そのため企業のビッグデータ活用段階を理解しておくことが重要です。

ビッグデータ活用段階は、初期の段階から順番に「アドホック分析」「データ可視化」「分析自動化」「データアプリケーション」となっています。

ビッグデータ活用段階の詳細な説明は次節で行います。

■ 企業のビッグデータ活用段階

段階	名前	企業の状態
段階1	アドホック分析	SQLを用いてデータを不定期に分析し、ビジネス仮説の検証や、意思決定を行っている
段階2	データ可視化	社内の主要なデータがレポートやダッシュボードといった形で可視化され、SQLが書けない一般社員でもデータをもとに意思決定ができる
段階3	分析自動化	データの収集から可視化まで一連の分析業務がシステム化され、企業を支えるシステムとして認知されている
段階4	データアプリケーション	データ分析の結果をビジネスで利用し、コスト削減や売上向上につなげるアプリケーションが本番運用されている

● ビッグデータ分析システムに関係する人

　ビッグデータ分析システムを理解するだけでなく、ビッグデータ分析システムに関係する人について理解しておくことも忘れてはいけません。

　まず、**事業組織**と**分析組織**の違いを理解する必要があります。多くの企業においてビッグデータ分析システムを担当する分析組織と、企業において利益を上げている事業組織は異なります。たとえば、Webサイトの分析であれば、事業組織はWebサイトを企画・開発・運営している部署になります。ほかにも、コネクティッドカーの分析であれば、事業組織は自動車の製造・販売をしている部署です。企業において意思決定や利益向上は事業組織が行うことであり、分析担当はその支援になります。

　事業組織の中には、データを閲覧だけする「**データ閲覧者**」と自らデータ分析をする「**データ利用者**」がいます。データ閲覧者は、役員や営業等などITリテラシが低い社員であり、レポートやダッシュボードとして可視化されたデータを見るだけの人です。一方データ利用者は、マーケティング担当等ITリテラシが高い社員であり、自らSQL書いてデータを分析します。また、データを収集する際も事業組織の「**事業システム担当**」と連携してデータを生成・収集します。

　分析組織の中には、「**サイエンス担当**」、「**エンジニアリング担当**」、「**データビジネス担当**」の3種類の人がいます。サイエンス担当は、データを扱う統計の知識や機械学習アルゴリズムを実装する力を持っており、データから知見を見出す役割です。エンジニアリング担当は、データの収集からデータの活用まで全体をシステム化する役割です。データビジネス担当は、事業組織に深く入り込んで事業を理解し、データ分析を企業の利益に変える役割です。

　これらの人の違いについて理解しておくことは、企業でデータ活用を成功させるために必要です。特に、分析組織における3つ役割については重要ですので、本章の後半で詳しく説明します。

　今まで紹介してきた6種類の人を整理すると表のようになります。

■ ビッグデータ分析システムに関係する6種類の人

組織	人	役割
事業組織	データ閲覧者	可視化されたデータを見る
事業組織	データ利用者	SQLを用いて自ら分析する
事業組織	事業システム担当	データの生成源のシステムを担当する
分析組織	サイエンス担当	データから知見を見出す
分析組織	データビジネス担当	データ分析を企業の利益に変える
分析組織	エンジニアリング担当	データ分析をシステム化する

■ ビッグデータ分析システムに関係する人

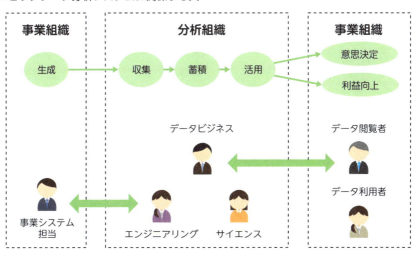

まとめ

- ビッグデータ分析システムは、データの生成・収集・蓄積・活用からなり、分散処理や機械学習は要素技術
- ビッグデータ分析はスモールスタートで始め、成果に応じて徐々にシステムや組織を進化させていく
- 事業組織と分析組織、そして分析組織の中の役割分担を意識することが重要

Chapter 1 ビッグデータ分析の全体像

04 企業のビッグデータ活用段階
~ビッグデータ分析はスモールスタートで始める~

ビッグデータを扱ったことない企業が、いきなり高度なデータアプリケーションを作ることはできません。アドホック分析から始めて徐々にステップアップすることが秘訣です。

● 企業のビッグデータ活用段階

　企業でビッグデータ分析に取り組む場合、最初にその企業がどの程度のビッグデータ活用段階にあるかを考えることが重要です。ビッグデータ活用段階の低い企業が、いきなり多額の投資をして機械学習を活用したデータアプリケーションを作ることは、現実的ではないでしょう。事業規模や目的に合わせてデータ分析プロジェクトを実施し、徐々に実績を積み上げながら、ステップアップしていくことが重要です。

■ ビッグデータ活用段階のステップアップ

　具体的な進め方としては、まずは少人数のチームでデータを見るアドホック分析から始めて、データを可視化して意思決定者に見せる等の普及活動を行うことにより、企業内でデータを使った意思決定をする文化を醸成していきます。

022

そうしていくうちに企業の役員の理解も得られるようになり、やがては機械学習などの高度なデータ分析手法を用いて、利益向上に貢献できるデータアプリケーションを生み出せるようになります。

では、企業のビッグデータ活用段階を順番に説明していきましょう。

○ アドホック分析

初期のデータ活用は**アドホック分析**でしょう。「アドホック」は「その場限りの」という意味であり、「アドホック分析」とはデータを分析したいときに分析することです。アドホック分析はデータと向かい合うときの最初のステップであり、アドホック分析を通してデータ利用者はデータに対する理解を深め、意思決定に利用していきます。

たとえば、Webサイトのデータベースに蓄積された購入履歴テーブルに対して、売上が減っている要因を分析するために**SQLでデータを集計**する、といったことが挙げられます。これを実現するためには、購入履歴を蓄積するデータベースと、それに対して集計のSQLを実行できる環境があればよいでしょう。

アドホック分析をする人は、簡単な集計であればデータビジネス担当、高度な統計分析が必要とされるケースではサイエンス担当が実施します。また、事業組織の中でもITリテラシの高いデータ利用者は自分でSQLを書いて利用します。

■ アドホック分析の段階

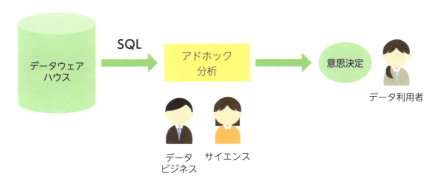

● データ可視化

　アドホック分析ができてきたら、次はデータの価値を社内のより多くの人に提供するために**データ可視化**が重要になってきます。データ可視化により、事業担当を含め企業全体でデータを見る文化が醸成できるでしょう。

　たとえば、Webサイトにおけるカスタマー数の推移をもとに意思決定したいときに、カスタマー数の推移を可視化してレポートすることにより、ITリテラシの低くSQLが書けないデータ閲覧者でもデータをもとに意思決定できるようになります。

　小規模のデータであればパーソナルコンピューターに集計したデータのすべてをコピーして、スプレッドシートでグラフを作りメールで送付できるでしょう。しかし、より大規模なデータを扱う場合は、パーソナルコンピューターでは扱えず、メールによる送付もできなくなる可能性があります。そうなると必要になる製品が**BI製品**（Business Intelligence製品）です。BI製品は、ツールによりデータをさまざまな形で可視化でき、可視化したデータをWebサイトで公開したりメールで配信したりできます。また、データ閲覧者自身がグラフの内容を違った角度から見たいときに、BI製品を使えばデータ閲覧者は自分の見たい切り口でデータを見ることができます。これにより、SQLの書けない事業担当者でも、データをさまざまな角度から見て意思決定をできるようになります。

■ データ可視化の段階

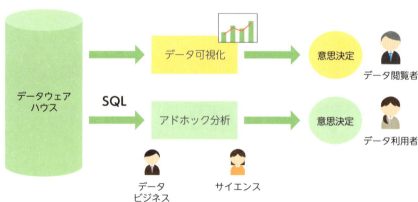

● 分析自動化

　アドホック分析やデータ可視化を行い、日々データを分析している状態になると、自然と自動化したくなる分析業務が発生してきます。たとえば、月次でカスタマー分類ごとの売上データを収集〜集計〜可視化して、事業担当にレポートを送るといった分析業務です。それまでは人手でやっていた**分析作業を自動化**できれば、担当者の業務量は下がり空いた時間で別の分析をできるでしょう。

　これを実現するためには、データを集めて集計するSQLを自動的に流したり、BI製品のレポートを自動的に更新したりするために、**バッチ処理**プログラミングが必要になってきます。そして、これらの一連の流れを制御するための**ジョブコントローラー**も必要でしょう。また作ったシステムは365日動かし続ける必要があるため、エラーが発生したときに障害対応をするための運用チームを作る必要があります。

　こういったことを実現するには、今までのアドホック分析やデータ可視化とは違う能力が必要です。それは**エンジニアリングの力**です。

　アドホック分析やデータ可視化は一時的な作業であり、SQLやBI製品を使いこなせればある程度できてしまいますが、毎日処理を正しく動かし続けるためにはエンジニアリングの力が不可欠です。エンジニアリングの力が付いて毎日正しく分析処理を動かせるようになってきたとき、企業の分析力は大きくステップアップしたといえます。

■ 分析自動化段階

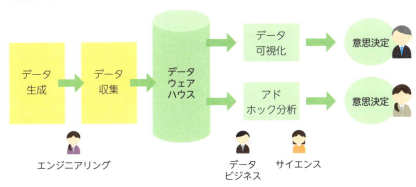

● データアプリケーション

分析が自動化され、システムが安定稼働できるようになったら、いよいよ**データアプリケーション**を作り利益向上を目指します。データアプリケーションは、分析SQLの自動化だけでなく、機械学習の自動化や事業システムとのシステム連携も含んでいるため、より高度なエンジニアリングが必要になります。

機械学習を本格的に導入するのもこのレベルです。データレイク（P.158参照）を用意し非構造化データを集め、機械学習により構造化データに変換して分析で利用できるでしょう。

■ データアプリケーション段階

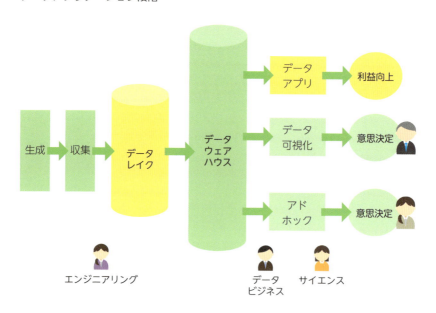

このレベルの例は、インターネット事業会社における広告配信の利益最大化です。広告配信の利益最大化ではカスタマーの行動情報を蓄積し、機械学習によりそのカスタマーが反応しそうな広告を予測して出すことにより、より少ない広告費用で高い効果を上げることができます。これにより広告費用の削減ができ、利益が増えるでしょう。

ほかにも、企業内における業務効率化するデータアプリケーションもあります。たとえば営業担当がアタックする会社を決めるときに、どの会社にアタックすれば成約を獲得しやすいかを機械学習により予測し、より短い業務時間で成約を獲得できるようにします。これにより人件費が削減できるでしょう。

　機械学習の予測を利用したデータアプリケーションによって利益向上できるようになると、企業はデータ分析を十分に活用できているといってよいでしょう。

まとめ

- 企業のビッグデータ活用段階を理解することが重要
- アドホック分析段階では、不定期にデータを分析し意思決定に用いられている
- データ可視化段階では、ITリテラシの低い社員もデータをもとに意思決定できている
- 分析自動化段階では、データの収集から可視化までがシステム化され運用されている
- データアプリケーション段階では、機械学習などを利用して企業の利益向上につながるデータアプリケーションが運用されている

Chapter 1　ビッグデータ分析の全体像

05 ビッグデータ分析を活用するための三つの役割
～データビジネス、サイエンス、そしてエンジニアリング～

企業においてビッグデータ分析を活用にするには三つの役割が必要とされています。それは、データビジネス、サイエンス、そしてエンジニアリングです。ビッグデータ分析の典型的な例であるターゲティング広告の例を通して、三つの役割を説明します。

● ビッグデータ分析の典型例 (ターゲティング広告)

　三つの役割をより実践的に理解するために、まずは実際のビッグデータ分析の典型例であるターゲティング広告を説明します。

　近年インターネット広告が増えてきており、2019年中には地上波テレビ広告を超えると予想している人も出てきています。商品をカスタマーに知ってもらうためにインターネット広告が重要な位置を占めてきています。

　インターネット広告を利用する企業は、スマートフォンやパーソナルコンピューターのカスタマーに対してインターネット広告を掲載します。たとえば、検索サイトでキーワードを検索したときに自社のサービスのバナー広告を表示させたり、一度自社のWebサイトを訪れたカスタマーに対して再度広告を表示して再訪してもらったりします。

　広告を掲載するには費用がかかるため、すべてのカスタマーに対して一律で同じ広告を見せるのは効率が悪いです。カスタマーの性別・年代や趣味嗜好に応じてカスタマーの興味がありそうな広告のみを表示させることにより、最小の広告掲載費用で最大の効果を得ることができます。

　たとえば旅行の予約サイトの広告を掲載して、サイトに集客し予約してもらう方法を考えてみましょう。「旅行」というキーワードでインターネットを検索したカスタマーに対して広告を出すのは効果が見込めそうです。昨年の夏休みに一度サイトを利用してくれたカスタマーに、今年も広告を出すのも効果的でしょう。またこういった明確な情報がなくとも、今まで旅行に予約してもらったカスタマーと同じような行動をしているカスタマーは、他のカスタマーよりも旅行に申し込んでくれる可能性が高いかもしれません。このようにカスタ

マーの情報をもとに広告を行うのを**ターゲティング広告**といい、これを実現するためにビッグデータ分析が用いられます。

ターゲティング広告を成功させるための、データビジネス・サイエンス・エンジニアリングの役割はそれぞれのようなものでしょうか。

データビジネスの役割

データビジネスの役割は、広告配信の利益最大化によって企業の利益を上げることです。

旅行予約サイトの広告配信の例では、予約を一件取るために広告費をいくら減らせるかを考えます。最終的な目標を「**コンバージョン**」といい、この例では予約が確定することがコンバージョンになります。そして、1コンバージョンを獲得するためのコストをCPA（コストパーアクション）といいます。仮に今のCPAが2000円だとして、これを1900円に減らしつつコンバージョン数を変えないようにできれば、利益が向上します。このようにコンバージョン数を維持したままCPAを下げることが目標になります。

■ データビジネス担当のイメージ

事業の担当者

KPI達成のために
コンバージョン数を維持しつつ、
広告コストを○○円減らしたい

自社業務への深い理解

データビジネス担当

○○のデータを使ってターゲティングすれば、コスト△△下がる見込みです。
やらせてください

ビッグデータ分析への理解

広告のクリック率が○○上がるような
レコメンドシステムを作って欲しい

エンジニアリング担当　サイエンス担当

ではこれを達成するためにどれくらいのシステム投資が可能でしょうか？
Webサイトでは月間10万コンバージョンが見込めるとします、これを達成す
るために今までは2億円の広告コストがかかっていましたが、CPAが下がれば
1.9億に減らすことができます。ということはその差額である1000万よりも安
い値段でシステムを作ることができれば、コスト削減に貢献できます。仮にシ
ステムが400万円で運用できれば、600万のコスト削減に貢献できるでしょう。

　データビジネスの役割は、このように明確なロジックを積み上げることによ
り、誰でもビッグデータ分析の価値を理解できる状態にすることです。そして、
これを企業内で提案し事業として成立させることです。これを実現するには、
自社の業務への深い理解と、ビッグデータ分析でできることへの理解の両方が
必要です。

　いくら機械学習がブームだからといっても、営利企業は利益が上がらないこ
とはやりません。一時的に研究開発としてやったとしても継続はしないでしょ
う。ビッグデータ分析を利益に変換するデータビジネスの役割がもっとも重要
といっても過言ではないでしょう。

● サイエンスの役割

　サイエンスの役割は、広告配信における利益を最大化する方法を開発し、日々
改善し続けることです。

　旅行予約サイトの広告配信の例では、誰にどの広告を配信するとコンバー
ジョン数が上がるかを考えて、それを実現するプログラムを開発します。

　一番簡単な方法は、カスタマーの性別・年齢・居住地域等の情報を用いて広
告配信をすることです。これは機械学習のような難しいことをしなくてもよく、
カスタマー情報が格納されたデータベースに対する条件絞り込みだけで実現で
きるでしょう。

　しかし、これでは予測の正解率に限界があるため、カスタマーをより細かい
単位で分類し広告配信する必要があります。そのためには、カスタマーの行動
履歴の特徴を数値化して機械学習を行いカスタマーどうしの類似度を計算しま
す。そして、今までコンバージョンしたことあるカスタマーと類似したカスタ
マーに広告を配信します。

これを実現するためには**機械学習のアルゴリズムを理解して実装する**能力だけでなく、カスタマーの行動履歴の**特徴を数値化する能力も必要**です。この特徴を数値化することを**特徴量エンジニアリング**といい、近年もっとも着目されている分野の一つです。

■ サイエンス担当のイメージ

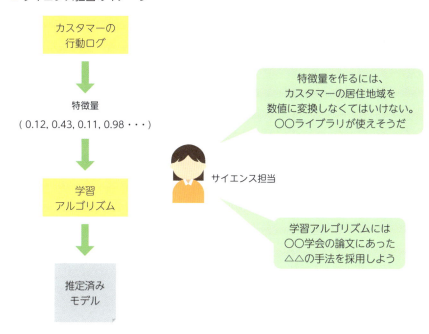

　また、一度推定済みモデルを開発して終わりではありません。日々データやビジネス状況は変化するため、一度開発した推定済みモデルが陳腐化していかないか日々監視することが必要です。たとえば、コンバージョンすると予測した人が実際にコンバージョンしたかどうかを日々監視します。そしてその予測精度が下がってきたら再度開発を行い予測が一定のパフォーマンスを出すように改善し続けていく必要があります。

　このように、サイエンス役割は機械学習だけでなく、特徴量エンジニアリングや日々の予測精度の監視・改善も担います。

● エンジニアリングの役割

　エンジニアリングの役割は、データの準備から成果の監視まで、システム全体を設計し運用することです。

　旅行予約サイトの広告配信の例では、最初にデータの準備が欠かせません。カスタマーの行動ログを分析で使えるように、データの生成・収集・蓄積を行う必要があります。データの生成では、自社のWebサイトの画面に手を加えてカスタマーがクリックした情報をJavaScript等で分析システムに送付するしくみを作ることが必要です。データの収集では、前述のクリック情報を収集するためのプログラムの開発や、カスタマーの情報やコンバージョンの実績を収集するためのプログラムの開発が必要でしょう。またこの収集プログラムを常に動作させるようにジョブコントローラーやエラー監視のしくみも必要です。データの蓄積では、冗長化されたデータベースにデータを溜め込み、大切なデータを失わないようにします。加えて、高速にデータを集計できるように**列指向フォーマット**（P.166参照）でデータを格納し、分散集計できるしくみの導入も必要になります。格納したデータの説明や日々のデータ品質状態を、分析システムのユーザーに教えるための**メタデータ管理**（P.204参照）を求められることもあるでしょう。

■ エンジニアリング担当のイメージ

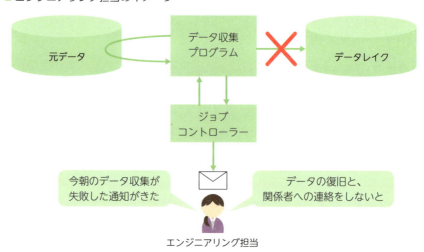

データが準備できたら機械学習のための基盤が必要です。機械学習では行列計算が多いため、通常のCPUではなくGPUを搭載した計算環境が必要となるでしょう。近年では機械学習のトライアンドエラーを簡単にできるノートブックが人気ですので、**ノートブック**環境を整える必要もあります。ノートブックとは、ブラウザを用いて機械学習のプログラミングや実行結果の可視化ができるアプリケーションであり、機械学習の成果をまとめるのに広く使われています。また、機械学習の成果物を管理するためのレポジトリや、リリースするためのプロセスの整備も必要です。

　このようにデータを蓄積してサイエンス担当に予測してもらいますが、予測した結果を広告配信システムに連携するのもエンジニアリングの役割です。旅行の例では、サイエンスが広告を配信するリストを作成してくれるので、それを広告配信システムに対して送付する必要があります。また、広告は配信して終わりではありません。その理由は、配信した広告が実際にクリックされてコンバージョンにつながったかどうかを監視しないと効果があったかわからないためです。よって、クリックされたログを日々蓄積し続ける機能も必要になり、これもエンジニアリングの仕事です。

　このようにエンジニアリングでは、システム全体を設計して開発するのはもちろん、それを毎日運用し続けることが責務になります。

まとめ

▶ データビジネスの役割は、データ分析により企業の利益を上げる

▶ サイエンスの役割は、データから知見を取り出す方法を実装し、日々改善し続ける

▶ エンジニアリングの役割は、データの準備から成果の監視まで、システム全体を設計し運用する

Chapter 1　ビッグデータ分析の全体像

06 エンジニアリングの希少価値
～実証実験はできても本番システム化できていない～

機械学習ブームにより、企業において機械学習の実証実験が加速しています。しかし、実証実験後の本番システム化においてつまずくケースが増えています。サイエンスができる人はいてもエンジニアリングができる人がいないためです。

● 多くの企業で実証実験

　企業においてビッグデータ分析の実証実験が加速しています。日本の労働人口の減少や海外企業の台頭等により、業務の効率化・自動化が求められており、その方法の一つとしてビッグデータ分析への期待が高まっています。

　多くの企業で**データサイエンティスト**を採用したり、データサイエンスの専門会社に発注したりすることにより、データ活用の実証実験をしています。SIerはこの需要に対応するために、データサイエンティストを育成し、ビッグデータ分析のコンサルティング力を高めようとしています。ITベンダもデータサイエンス関連製品の開発に注力しています。

　実証実験の典型的な例は、まず自社の保有しているデータと課題を整理して、データ分析により解決できそうな課題を見極めます。次に、データサイエンティストに分析や機械学習をしてもらい、業務の効率化や自動化ができないか検証します。うまくいきそうであればプロトタイプのシステムを構築し、実際に一部の業務に適用します。

　多くの場合ここで実証実験は終わりであり、本番システム化や業務全体への適用は次のフェーズへと引き継がれます。しかしこれからが問題なのです。

● 本番システム化に苦戦

　実証実験も終わり、いよいよ本番システムを構築し継続的に企業に利益向上できる計画に入るのですが、この段階でつまずくケースが多くあります。その理由は一回限りの実証実験とは違い毎日データ分析を利益に結びつける必要が

あり、考慮するポイントが大きく変わってくるためです。具体的には次のような点を考慮しなくてはいけないでしょう。

・データをどうやって継続的に集めるのか
・集めたデータの整理や品質チェックをどうするのか
・分析結果を利益に結びつける部分をどうやって自動化するのか
・分析の精度が劣化していないかどうやって監視するのか
・ソースコードの管理やリリースの管理をどうするか
・処理は業務時間までに間に合うのか
・データに機密情報が混ざっているが、どうやって管理するか

　このようなことは、実証実験では考えることが少ないでしょう。そしてこれは多くのデータサイエンティストにとっては経験のない領域です。
　システムとしての考慮点だけでなく、人に対する考慮も必要です。実証実験が終わったときに以下の問いに明確に答えられることは少ないでしょう。

・本番システムの構築は誰が行うのか
・本番処理がエラーになったときに誰が対応するのか
・データの品質管理は誰がするのか
・機械学習モデルのメンテナンスは誰が行うのか
・分析レポートのメンテナンスは誰が行うのか

　皆さんも薄々気づいていると思いますが、データサイエンティストはこのような地道な本番システム運用には向いていません。彼らの真価はデータから知見を見出す方法を作ることであり、その技術を高めたいと思っています。業務の大半が地道な本番システム運用になってしまえば、ほかの企業に転職してしまう可能性が高いです。昨今、機械学習ブームですので、引く手数多であり仕事に困ることはありません。実証実験を行うときは腕利きのデータサイエンティストが参画してくれていたのですが、本番運用になる前に離任してしまい、成果物を活かしきれなかったり運用をできなかったりする事態が起きていないでしょうか。

035

このような課題はサイエンスとエンジニアリングの業務の違いを理解せず、サイエンティストだけにすべての仕事をお願いしてしまうことに起因することが多いです。そのため、サイエンティストとは別にエンジニアを雇い、それぞれの業務内容を明確に定義しておくことが、課題の解決に有効です。

○ エンジニアリングの力が重要

実証実験でデータサイエンティストが作ったものを継続的に企業の利益に結びつけるためには、エンジニアリングの力が必要です。

エンジニアリングでは次のことをします。

- データを生成し継続的に集める
- データの品質を監視し、品質劣化していたら対応する
- データ分析の結果をビジネスに結びつける部分をシステム化し、運用する
- データを保全し、消失しないようにする
- データのセキュリティを考え、適切なアクセスコントロールを行う
- データの分散処理や順序を設計し、業務に必要な時間までに処理を終わらせるようにする
- ソースコードや機械学習モデル等の成果物を管理し、リリースプロセスを整備する
- データサイエンティスト等のデータ利用者に分析できる環境を用意する
- データを整理し、データ利用者に理解できるようドキュメントを整備する
- 定期的に分析成果物の棚卸しを行い、陳腐化した成果物を廃止する

これらは、Webシステムや基幹業務システム等のインフラ運用と似ていますが、データにも責任を持つため、普通のインフラ管理者よりも広範囲を担うことになります。大雑把にいってしまえば「データサイエンス以外のすべて」です。しかし、本番システムを運用した経験者であれば、こういったことが必要不可欠であることを知っています。データサイエンス以外のすべての穴を埋めない限り、企業においてデータ分析を継続的な利益向上につなげることはできないでしょう。

036

エンジニアリングできる人は希少

　企業の多くはビッグデータ分析の実証実験段階であり、システムの本番運用を行っている企業は多くありません。そのため、本番運用経験のあるエンジニアは稀です。実証実験が終わり、本番運用に向けてエンジニアを採用しようとしても、転職市場で探すことは難しいでしょう。私はビッグデータ分析のエンジニアリングチームで働いていますが、最初からビッグデータエンジニアリングができる人はほとんどいません。私もその一人でした。

　そのため、Webシステムや基幹業務システムでインフラ構築・運用経験のある人を採用して、経験を積んでもらうことが現実的な解になります。業務の多くは一般的なインフラ構築・運用業務と同じですので、それをベースにデータ管理や分散処理、そして機械学習に関する知識を付けていくことになります。

　本書は、インフラエンジニア人に特に読んでほしい本です。インフラエンジニアがビッグデータエンジニアリングの力を付けて、ビッグデータ分析システムを作れるようになることを目的としています。それにより、企業のエンジニアリングの力の不足を解消し、価値のあるデータ分析が実証実験で終わってしまう事態を減らせることを願っています。

まとめ

- 多くの企業はデータ活用の実証実験段階であり、本番システム化に苦戦している
- 本番システム化にはエンジニアリングの力が必要であり、サイエンスとは別の能力である
- 最初からエンジニアリングできる人材は希少であるため、インフラエンジニアがビッグデータ分析のエンジニアリング力を付けていくことが重要

2章

ビッグデータ分析システム
のアーキテクチャ

本章からは、ビッグデータ分析システムを作る
ための実践的な説明をしていきます。 本章で
はビッグデータ分析システムのアーキテクチャ
を説明し、次章以降では各コンポーネントの具
体的な作り方を説明していきます。

Chapter 2　ビッグデータ分析システムのアーキテクチャ

01 アーキテクチャの全体像
～データの収集・蓄積・活用～

ビッグデータ分析システムはデータが生成される「事業システム」とそれを分析する「分析システム」の二つのシステムからなります。分析システムはデータ収集、データ蓄積、そしてデータ活用の三層から構成されます。順番に説明していきましょう。

● 事業システムと分析システム

　ビッグデータ分析システムを考える上でもっとも大きな単位はシステムでしょう。ビッグデータ分析をする「**分析システム**」だけではなく、データの生成される「**事業システム**」も考える必要があります。

　事業システムはその会社の事業そのものが行われているシステムです。インターネットサービスの分析の例であれば、事業システムはWebサイトやスマートフォンアプリケーションになります。コネクティッドカーのための分析システムであれば、事業システムはカーナビゲーションシステムや車載のセンサーになります。

　事業システムと分析システムはシステムに求められる要件が大きく違います。事業システムは事業活動に直結しているため、高い可用性が求められるいわゆるミッションクリティカルなシステムです。

　一方、分析システムは多少システムがダウンしても事業活動への影響は限定的であり、そこまで高い可用性は求められません。その代わりに、いろいろな分析をスピーディーに試す必要があるため、開発生産性が高いことが求められます。

　多くの企業においては、事業システムと分析システムは別の組織が担当します。データ分析を成功させるには、事業システムと分析システムの担当者が協力関係にあることが重要です。

■ 事業システムと分析システム

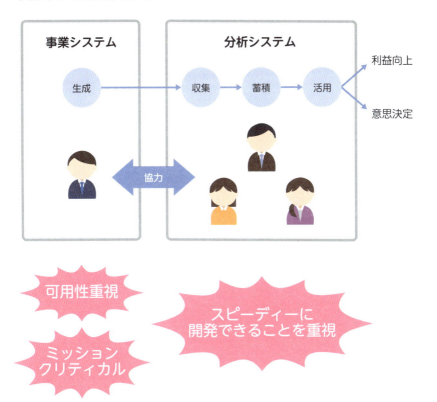

● ビッグデータ分析システムのアーキテクチャ

　ではもう少し詳細にアーキテクチャを説明していきましょう。第1章でビッグデータシステムの概要図を示しましたが、これを具体的なアーキテクチャにすると次の図のとおりです。

　この図はビッグデータ分析システムに必要なコンポーネントをすべて書いています。また、分散処理を活用するところには「D」のマークを、機械学習を活用するところには「M」のマークを付けています。

■ ビッグデータ分析システムの一般的なアーキテクチャ

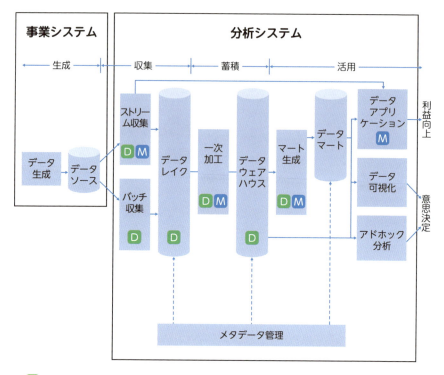

D 分散処理を活用

M 機械学習を活用

　事業システムでデータが生成され、それを分析システムで収集します。データの収集にはストリームデータ収集とバッチデータ収集の二つの方法があり、収集したデータをデータの池「データレイク」（P.158参照）に蓄積します。データレイクにあるデータをそのままでは分析で利用できないため、データの一次加工（クレンジングや表形式への変換）を行いデータウェアハウス（P.158参照）に格納します。データ利用者はこのデータウェアハウスに直接接続してアドホック分析をします。データ可視化やデータアプリケーションから利用する場合は、それら用に特別に加工したデータマートを準備します。また、全体を通してデータに関する情報である「メタデータ」（P.204参照）を管理する必要があります。

分散処理と機械学習はどこでも必要

第1章にてビッグデータ分析の中心技術は分散処理と機械学習であると説明しました。この二つの技術はアーキテクチャ図の中のさまざまな箇所に登場します。

分散処理は多くの箇所で必要です。大量のデータを収集する処理や、大量のデータを蓄積するデータレイク・データウェアハウスでは、分散処理が必要です。また一次加工やデータの加工といった変換処理にも分散処理が必要です。

機械学習は必要に応じていくつかのケースで用いられます。たとえば、データレイクに蓄積された非構造化データを構造化してデータウェアハウスに格納する場合や、データウェアハウスのデータに対して予測などをする場合、そして機械学習の予測結果をAPIとして提供しデータアプリケーションで利用する場合などです。APIはApplication Programming Interfaceの略であり、異なるコンピューター間でデータをやり取りするためのしくみの総称です。

まとめ

▶ **分析システムだけでなく、データの生成元である事業システムも考慮する**

▶ **分析システムはデータの収集・蓄積・活用の三つからなる**

▶ **分散処理と機械学習はさまざまな場所で活用する**

Chapter 2 ビッグデータ分析システムのアーキテクチャ

02 データの生成・収集
~事業システムで生成し分析システムに収集する~

データの生成では、事業システムに働きかけてデータを生成します。生成したデータを分析システムに収集するにはリアルタイム収集とバッチデータ収集があります。

● データ生成

データは自然には発生しません。世の中に存在している事実を何かしらの方法によりデータ化する必要があります。

たとえば、Webサイトにおけるカスタマーのイベントをデータ化するにはJavaScriptによりブラウザイベントをキャッチするしくみが必要です。スマートフォンアプリケーションの操作のデータ化であれば、画面遷移やカスタマーのタッチ情報等を収集します。

IoT (Internet of Things) では、今までデータを生成しなかった装置にセンサーを付けることがデータ生成といえるでしょう。

データの生成には事業システムの協力が不可欠です。Webサイトの分析をする場合は、分析システム側でブラウザイベントを収集するためのJavaScriptのライブラリを用意して、事業システム側にそのライブラリを画面に組み込んでもらう必要があります。スマートフォンアプリケーションであれば、データ収集用のスマートフォンOS上で動作するライブラリを用意して、アプリケーションに組み込んでもらいます。これらのライブラリは自作してもよいですが、商用の製品を利用することもできます。

以下の図の例では、旅行予約サイトの詳細ボタンをカスタマーがクリックしたときに、そのイベントをデータとして生成する様子を示しています。画面上の詳細ボタンを押すことで、JavaScriptのライブラリ内にあるイベント送信関数が呼び出され、その関数が分析システムに向けてデータを送付します。

■ Webサイトにおけるカスタマーイベントのデータ生成と収集

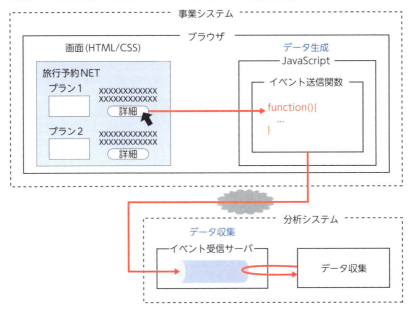

■ 旅行サイトの詳細ボタンクリックの例

● データ収集

生成された**データを収集**します。

データを収集する方法としては、データが生成されたら即時収集する**ストリームデータ収集**と、定期的にデータを収集する**バッチデータ収集**の二つがあります。ストリームデータ収集はデータの鮮度が新しいことがメリットですが、処理が複雑で運用が難しいデメリットがあります。これに対して、バッチデータ収集は簡単に作れることがメリットですが、データ鮮度が古くなることがデメリットとなります。

データ収集は分析システムの中でももっとも運用することが大変なコンポーネントです。それは、ビジネスの変化によってデータ構造やデータ量が変化するためです。データ構造の変化に対応するために、データ構造の変化を検知するしくみや、検知した変化をもとに収集処理を変更する運用プロセスの整備が必要となります。またデータ量の変化に対応するために、データ収集そのものを分散処理し、データ量の増加に合わせて処理するワーカーを増やせるようにします。そしてこれらを運用するための運用チームが必要でしょう。

● ストリームデータ収集を速報データアプリケーションに活用

ストリームデータ収集はデータレイクにデータを溜めずに、即時にデータアプリケーションで利用することもあります。たとえば、Webサイトにおいてカスタマーの行動データをストリームデータ収集し、その場で分析し、カスタマーの行動に応じてWebサイトの画面を変えることが挙げられます。これを実現する技術を**ストリーム処理**といい、近年注目されています。

データ収集については第5章で詳細に説明します。

■ バッチデータ収集とストリームデータ収集、およびストリーム処理

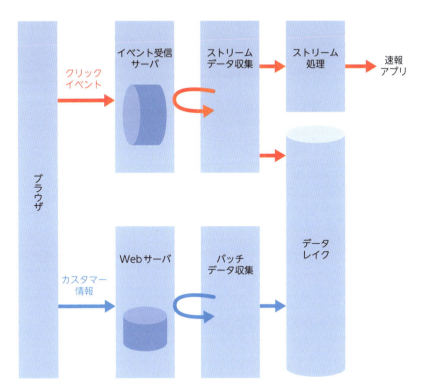

- データ生成は事業システムの協力が不可欠
- データ収集にはバッチデータ収集とストリームデータ収集があり、用途に応じて使い分ける
- ストリームデータ収集したデータを蓄積することなく即時活用するストリーム処理が、近年注目されている

Chapter 2 ビッグデータ分析システムのアーキテクチャ

03 データ蓄積
〜データレイクとデータウェアハウス〜

データの蓄積では、収集したデータをそのまま蓄積しておくデータレイクと、分析で利用できるように整理したデータウェアハウスの二つがあります。また、蓄積しているデータのメタデータ管理も重要です。

● データレイク

データ収集で集めたデータをすべて溜めておくコンポーネントがデータの池「**データレイク**」です。

企業にとってデータは貴重な資産の一つですので、生成したデータを消失しないように冗長化やバックアップを行い保全することが必要です。データレイクに求められる機能は、データの量に応じて格納する量を増やすことができる拡張性と、どんな形式のデータでも格納できる柔軟性です。

データレイクには**分散ストレージ**が最適です。分散ストレージはデータをファイルで扱うためどんな形式のデータでも格納できますし、データ量に応じてスケールアウトできます。

オンプレミスであれば、Apache Hadoop プロジェクトのHDFSやその派生製品がもっともよく利用されている分散ストレージです。クラウドであれば、クラウドベンダー各社が「**オブジェクトストレージ**」と呼ばれる分散ストレージを用意しているため、これを利用します。

分散ストレージについては、P.64以降で詳しく解説します。

● Apache Hadoop
https://hadoop.apache.org/

● HDFS
http://hadoop.apache.org/docs/stable/hadoop-project-dist/hadoop-hdfs/HdfsDesign.html

● 一次加工

　データレイクに蓄積されたデータはそのままでは分析では活用できません。データを綺麗にしデータ構造を定義してデータウェアハウスに格納することにより、データ分析で活用できます。この加工処理のことを本書では一次加工と呼びます。

　たとえば、**JSON**形式のデータを収集してデータレイクに蓄積したことを考えましょう。JSONとはJavaScript Object Notationの略であり、元々はその名のとおりプログラミング言語JavaScriptのデータ表記構文でしたが、今ではインターネット上でもっとも利用されている階層型データ形式です。具体的には以下のような構造をしています。

■ JSON形式

```
{
    "id": 123,                           数値
    "name" : "渡部徹太郎",                 文字列
    "aget" : 36,
    "friend_ids":   [ 324, 457, 498, 912 ],   配列
    "post" : [
        {
            "datetime" : "2019-06-01 14:07:00",   ディクショナリ
            "message" : "書籍を執筆中",
        },
        {
            "datetime" : "2019-06-04 21:09:00",
            "message" : "執筆中完了",
        }
    ]
}
```

　JSONはキーに対して数値、文字列などの値だけでなく、配列やディクショナリなどの値を格納できるため階層の深いデータ構造を表現できます。

　JSONの一次加工では、最初にデータレイクにあるJSONデータに対して構造のチェックをします。具体的には、必要なキーが存在するのか、データの型

は想定どおりか等をチェックします。チェックで問題がなければ、次はデータのクレンジングです。データウェアハウスで扱えない制御文字を消したり、日付のフォーマットを合わせたりと細々とした処理を行います。また、データの中に個人情報などの機密情報があり、それをデータ分析で使う必要がなければ、このタイミングで機密情報の除去を行います。最後に、表形式の形にデータを変換し、データウェアハウスにロードします。

　テキスト・画像・音声といった非構造化データもデータレイクに格納されますがこれらのデータに対する一次加工では機械学習等を用いて構造化データに変換するところから始まります。その後、データのチェック、クレンジング、機密情報除去を行い表形式に変換してデータウェアハウスにロードします。

　最後に、大量のデータに対して一次加工する必要があるため、分散処理で作る必要があることを忘れてはいけません。ビッグデータに対する処理はすべて分散処理なのです。

● データウェアハウス

　「ウェアハウス」とは倉庫の意味であり、「**データウェアハウス**」とはデータを扱いやすい形に整理して格納するとともに、データに対して参照や集計をする機能を提供します。

　データウェアハウスはデータ利用者にとって生活空間になります。データ利用者がアドホック分析できるようにSQLのインターフェースを用意したり、データ利用者の作業中のデータを保管できるスペースを準備する必要があります。また、データ利用者に計算リソースを使いつくされないようにリソース制限をかけることも必要となります。

　データウェアハウスはデータ利用者にアドホック分析を快適にしてもらうために、データ集計や抽出に特化したアナリティックデータベースで構築します。Webシステムのバックエンドに利用するリレーショナルデータベースは、トランザクション処理に特化しているオペレーショナルデータベースですが、それとは違います。

　また、データウェアハウスはデータレイクよりも容量あたりの費用が高価であるため、データウェアハウスにすべてのデータを入れることは現実的ではあ

りません。そこで、分析の頻度が少ない過去データはデータウェアハウスには蓄積せず、過去データを分析したい場合はその都度データレイクから抽出する方法が有効です。

データレイクとデータウェアハウスについては第6章で詳細に解説します。

● メタデータ管理

最後に**メタデータ管理**です。

メタデータとはデータに対する付加情報です。メタデータの例としては、データの名前や型表す「データ構造」、いつ時点のデータなのかを表す「データ鮮度」、データがどこから来てどこに行くのかを示す「データリネージ」、データのビジネス上の意味を説明する「データ辞書」等さまざまな情報があります。

メタデータを日々管理しておくことにより、データの収集において正しいデータの状態が定義でき、品質向上につながります。また、メタデータを公開することにより、データ利用者がデータの理解を高めたり品質の悪いデータの誤って使うことを防いだりできるため、データ活用を推進する上では必須です。

メタデータ管理については8章で詳しく説明します。

まとめ

- ▶ **データレイクでは収集したデータをそのまま格納しておく**
- ▶ **一次加工によりクレンジングや構造化してデータウェアハウスに格納する**
- ▶ **データウェアハウスは整理したデータが格納されており、データ利用者の生活空間**
- ▶ **メタデータを管理して、データ利用者がデータについて理解できるようにする**

| Chapter 2 | ビッグデータ分析システムのアーキテクチャ |

04 データ活用
～データを意思決定・利益向上に利用～

データ活用はデータを意思決定や利益向上に結びつけるシステムです。データウェアハウスのデータを加工したデータマートを作成し、アドホック分析、データの可視化、そしてデータアプリケーションで活用します。順番に説明しましょう。

● データマート

　データウェアハウスのデータを直接データ可視化やデータアプリケーションで利用するわけではありません。それはデータウェアハウスのデータが大量であり、データ可視化やデータアプリケーションのために毎回データを加工すると計算リソースの負荷が高くなり、かつ時間もかかるためです。

　そのため、データウェアハウスのデータを加工して、目的ごとに応じたデータに変換します。この目的ごとのデータを「**データマート**」と呼びます。抽出や集計といった簡単な処理で作ることができるデータマートであれば、データウェアハウスの SQL を用います。より複雑な処理が必要であれば、プログラミング言語を用いて加工プログラムを開発します。データに対して予測をした値を格納するデータマートを作りたければ、機械学習の技術を使います。

● アドホック分析

　データウェアハウスやデータマートのデータに対して SQL を用いて分析を行い、データをもとに意思決定することを**アドホック分析**といいます。

　企業のデータ活用力を向上させるにも、できるだけデータ利用者に使いやすいアドホック分析環境が必要です。具体的には、簡単に使える SQL 実行環境、データのアップロード・ダウンロード機能、集計したデータを BI ツールに簡単に連携できる機能、メタデータを検索してデータの説明や品質を見られるしくみ、これらが必要です。

052

● データ可視化

データマートのデータを可視化し、可視化したデータをもとに意思決定します。

具体的には、**BI製品**をインストールしたサーバを用意し、データマートのデータを可視化します。BI製品はデータをさまざまな方法で可視化しレポートやダッシュボードを作成し、それを複数人で共有することができるツールです。意思決定者はBI製品で生成されたWeb画面を見たりBI製品から送付されるレポートを見たりして意思決定を行います。

データ可視化は、レポートを配布して終わりではありません。データ可視化により意思決定が行われるまでが責任範囲ですので、作成したレポートが意思決定に使われているかを日々チェックする必要があります。そのため定期的なレポート参照数チェックや意思決定者ヒアリングを行うしくみを作り、使われていないレポートを改善・廃棄する必要があります。

● データアプリケーション

データアプリケーションは抽象的な言葉で書かれているためイメージしにくいかもしれませんが、データを企業利益に結びつけるための「その他すべて」だと捉えてください。

ターゲティング広告配信の利益最大化の例では、データマートに格納されたカスタマーごとの表示広告データを、Google や Facebook といった広告媒体に送付する処理が、データアプリケーションの実態になります。Webサイトの商品をレコメンドする例では、カスタマーにどの商品をレコメンドするかが格納されているため、それをWeb画面で表示される部分がデータアプリケーションになります。

加えて、実際にどれだけ利益に結び付いたかを監視する部分も必要です。ターゲティング広告であれば広告をクリックしたカスタマーがコンバージョンした数の監視、商品のレコメンドであればレコメンド商品からコンバージョンした数の監視が必要です。

次の図はターゲティング広告のデータアプリケーションを表しています。データアプリケーションによりデータマートにある広告配信社リストを広告配

053

信システムに登録することで、カスタマーから広告が見えるようになります。また広告の効果を測定するために、広告の閲覧やクリック数を広告配信システムから収集する必要があります。

■ ターゲティング広告のデータアプリケーション

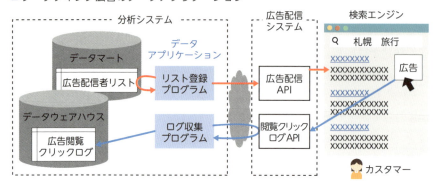

このように、データ活用の種類に応じて多種多様なデータアプリケーションの形がありますが、重要なのは分析システムの一部として常に管理しておくことです。機械学習で予測データを作って終わりではなく、それが最終的に利益に結び付く部分まで責任を持つことが重要です。これがおざなりになると、企業内でデータ分析の価値は認められないでしょう。

データ活用については第7章で詳細に説明します。

まとめ

- データウェアハウスのデータを目的別に加工したものがデータマート
- アドホック分析では、簡単にSQLを実行できる環境やメタデータの参照環境を準備する
- データ可視化では、レポートを作成して意思決定に送付するとともに、使われているか日々チェックするしくみを作る
- データアプリケーションとは、データを利益向上に結びつけるアプリケーションのこと

3章

分散処理の基礎

ビッグデータ分析には分散処理が欠かせません。分散処理を理解するためには、システムのボトルネックの理解と、そのボトルネックをどのように分散処理で解決するかについての理解の、両方の理解が必要です。

Chapter 3　分散処理の基礎

01 ボトルネック解析
～性能問題対応の基本～

分散処理の基本を身に付けるためには、そもそもなぜ分散処理が必要になるのかを理解しておく必要があります。 分散処理が必要になるのは性能問題が発生しているときです。そのため、ここから性能問題の対応を説明していきます。

● 性能問題とボトルネック

　ビッグデータの分析では大量のデータを扱うため、問題のほとんどは性能問題です。分析バッチ処理が朝までに終わらない、BI製品の画面が重い、予測APIの応答速度が遅い、どれも性能問題です。

　性能問題が発生したときに、やみくもにコンピューターの台数を増やしたりCPUを性能のよいものに変えたりしても、効果がないこともあるでしょう。処理時間の大部分を占めている処理「**ボトルネック**」を解析して、それを解消する必要があります。

　ボトルネックとはワイン等のボトルの細くなっている部分（ネック）に由来しており、ボトルからワインが出る速度はネックの大きさによって決まります。これをシステムに置き換えると、システムのボトルネックとは、処理時間の中で「その部分が速くなれば全体の処理時間が短くなる部分」のことです。

　ボトルネックが発生する理由は計算リソースの空きを待っているためです。計算リソースとはディスク、プロセッサ（CPUやGPU）、そしてネットワークの三つです。このどれかが逼迫して待ちが発生しているため、他の計算リソースが空いているにもかかわらず処理時間が短くならないのです。たとえば、分析バッチ処理が遅いときに、CPUがボトルネックとなっているにもかかわらず、ディスクを増やしても処理時間は短くなりません。

　この考え方は普通のコンピューターシステムでよく用いられますが、ビッグデータ分析も例外ではありません。いくらクラウドや分散処理ソフトウェアが発達したからといって、ボトルネック解析せずに性能問題を解決することはできません。

ではそれぞれの計算リソースのボトルネックについて説明してきましょう。

■ ボトルネック

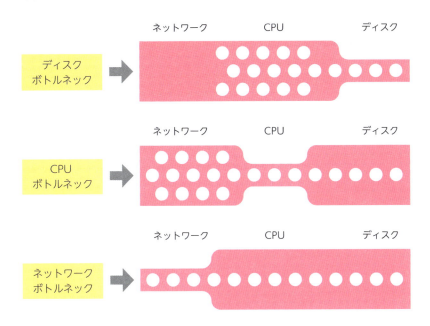

◯ ディスクボトルネック

　ディスクのボトルネックとは、データの読み書きが多く各処理がディスクの空きを待っている状態です。ビッグデータ分析は大量のデータを扱うため、このディスクのボトルネックがもっとも多いです。たとえば、大量のデータを集計するときや機械学習においては学習データを読み込むときに、発生することが多いです。

　ディスクのボトルネック解析は、ディスクのキューを見る方法がよいでしょう。ディスクへの読み込みキューと書き込みキューの長さを見て、キューが滞留しているようなら待ちが発生しています。

　ほかにも、少々難しいですが実際に読み書きしているデータ量を測定し、机上で計算する方法もあります。オンプレミスであればディスクにはスペックが

決まっていますし、クラウドでは仮想ディスクにIOPS（Input Output Per Second）が決められているため、その値と実際の読み書き量を比較して多すぎないかを考えます。

● プロセッサボトルネック

　プロセッサのボトルネックとは、計算量が多すぎてプログラムがプロセッサの空きを待っている状態です。たとえば、SQLの中で算術計算の多い集計処理や、複雑な機械学習をするときに発生することが多いです。

　プロセッサのボトルネック解析は、プロセッサの使用率を見ればよいのですが、注意すべきはマルチコアです。近年では一つのコンピューターに4個や8個のコアが搭載されていることが普通です。4コアのコンピューターにおいて、全体のプロセッサ使用率が25%前後で推移している場合は、一見CPUは空いているようには見えますが一つのコアが100%使用されていることが多いです。同様に8コアのコンピューターにおいて、全体のプロセッサ使用率が12.5%前後で推移しているときも、一つのコアが100%使用されている可能性が高いです。

■ **全体CPU使用率に空きがあるが、1コアが100%の例**

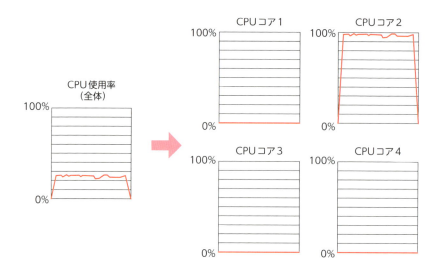

そのため、プロセッサの使用率監視をするときは、コアごとに行うことが鉄則です。

● ネットワークボトルネック

ネットワークのボトルネックは、通信量が多すぎて各処理がネットワークの空きを待っている状態です。

たとえば、データ収集においてデータを分析システムに収集する場合や、分散システムに於いて各ノード間でデータを交換するときに発生することが多いです。

ネットワークのボトルネック解析は、ネットワークの使用率を見ればよいでしょう。通常のTCP/IPの場合、クライアントとサーバ間でデータの到着を確認しながら通信するため、ネットワーク帯域幅すべてを使い切ることはできないので注意が必要です。たとえば、1GbpsのLAN内の通信において800Mbps付近まで使用されていれば枯渇していると判断してよいでしょう。

クラウドでは、仮想マシンのタイプごとにネットワークの帯域幅が異なりますので、仮想マシンのスペックを上げることでネットワークのボトルネックを解消できることもあります。また、アップロードとダウンロードで帯域幅が違うことがあるので注意してください。

まとめ

- ▶ **性能問題とはディスク、プロセッサ、ネットワークのどれかが逼迫し待ちを発生させていること**
- ▶ **ビッグデータ分析は大量の読み書きが必要でディスクのボトルネックになりやすい**
- ▶ **プロセッサのボトルネック解析はマルチコアに注意**
- ▶ **ネットワークのボトルネック解析は通信の方法によってはネットワーク帯域を使い切れないことに注意**

Chapter 3 分散処理の基礎

02 ボトルネック以外の性能問題考慮点
～メモリの枯渇、ボトルネックがないのに遅い～

ディスク、プロセッサ、ネットワークのボトルネックのほかにも、性能問題を対応する上で知っておいたほうがよいことが二つあります。それはメモリの枯渇とボトルネックがないのに遅い状況です。これらを説明します。

● メモリの枯渇

　ボトルネックになりえるコンピューティングリソースとしてディスク、CPU、ネットワークの三つがあることを説明しましたが、メモリはどうでしょうか？

　結論をいうと、メモリがボトルネックになることは滅多にありません。メモリはディスクと同様に記憶装置であり、遅いディスクを補うために用意されている装置がメモリですので、メモリがボトルネックになる前にディスクがボトルネックになることがほとんどです（ただし、すべてのデータをメモリ内に格納するインメモリデータベース等の製品では、ボトルネックになる可能性があります）。

　メモリで注意すべき状況は枯渇です。メモリが不足したときにはアウトオブメモリーエラーで処理が異常終了するか、そうでない場合はメモリに書ききれなかったデータをディスクに退避する「**スワップアウト**」が発生することがあります。

　後者のスワップアウトが発生するケースにおいて、メモリよりもディスクのほうが100～1000倍程度遅いために、データの読み書き速度が低下します。そのため、性能問題対応ではボトルネックの調査に加えてメモリのスワップアウトが発生していないかを確認することが重要です。

■ スワップアウト

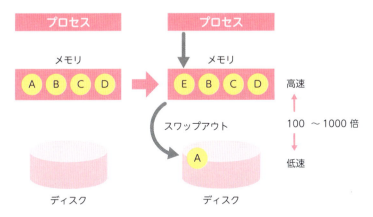

　スワップアウトが発生していれば明らかにメモリが足りないことがわかるのですが、動かすプログラムの種類によってはスワップアウトが発生していなくても性能問題の原因になることがあります。代表例はJavaのプログラムでしょう。Javaのプログラムは、プロセスの起動時に宣言されたメモリ容量をあらかじめ確保するため、プログラムでメモリを使っているかどうかにかかわらず、OSから見えるJavaのメモリ使用量は大きいです。そのためOSからはスワップアウトが発生せずメモリが足りているように見えても、Javaが確保したメモリ領域内で容量が足りず、メモリ上の不要データを整理する処理が発生し、それがプロセッサのボトルネックとなり処理遅延の原因になっていることがあります。この場合はJavaのプロセス専用のメモリ監視ツールを用いて、Javaプロセスが確保しているメモリの内訳を確認する必要があるでしょう。

　Javaプロセスのメモリ内訳を確認するには、jmapコマンド等によりメモリの内容をダンプファイルとして出力し、Memory Analyzer等により可視化します。

● jmap

https://docs.oracle.com/javase/jp/8/docs/technotes/guides/troubleshoot/tooldescr014.html

● **Memory Analyzer**

http://www.eclipse.org/mat/

　Javaは一つの例ですが、他のプログラミング言語やミドルウェアでも同様のことは起こりますので、利用する製品がどのようにメモリを使うかを把握した上で、それに合った性能問題対応が必要になります。

○ 移り変わるボトルネック

　これまでディスク、プロセッサ、ネットワークの三つのボトルネックについて解説してきました。ではボトルネックが解消できるとどうなるのでしょうか。

　たとえば、今までディスクがボトルネックとなって処理時間が長くなっていた集計処理があったとしましょう。そして、ボトルネック解消がうまくいき、ディスクの待ち状態が解消し、処理が速くなったとします。すると次は別のメモリ、プロセッサ、ネットワークのどれかがボトルネックになります。ディスク待ちが減ってすぐにデータが読み込めるようになったため、計算がもっとも長い時間を占める処理になってしまうということです。

　このようにボトルネックは移り変わっていき、ボトルネックが無くなるということはありません。ボトルネックの解消を続けて、業務要件に見合う処理速度になったときに、性能問題を解消できたことになります。

○ ボトルネックがないのに遅い

　ディスク、プロセッサ、ネットワークこれらすべてに空きがあるにもかかわらず、業務要件を満たす性能を出すことができなかったら、どうしたらよいでしょうか。

　このとき可能性として考えられるのは、処理が非効率であるということです。たとえば、データベースに対して頻繁にデータを取りに行っているために、問い合わせてからデータが来るまでの待ちが多く遅いといった状況です。この場合はデータをまとめて収集してからまとめて処理を行えば速くなるでしょう。

　それでもなお業務要件を満たさないのであれば、ハードウェアの限界です。

プロセッサはクロック数以上に速く動けませんし、ディスクも読み出し速度以上には速く読み出せません。

■ 移り変わるボトルネック

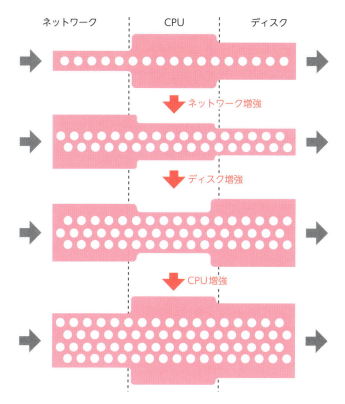

- 製品ごとにメモリの使い方が異なるため、メモリ使用率を見ても枯渇しているかはわからない
- ボトルネックは、解消するごとに移り変わるため、業務要件を満たすまで行う
- ボトルネックがないのに遅いのは、処理の非効率を疑う

Chapter 3　分散処理の基礎

03 分散ストレージ
～ディスクのボトルネックを解消する技術～

ビッグデータを扱う上でディスクのボトルネックが最初にぶつかる壁です。分散ストレージによってどのようにディスクのボトルネックを解消するか説明していきましょう。

● 複数のコンピューターにディスクを分散

　ディスクのボトルネックを解消する一つの方法として、一つのコンピューターにディスクをたくさん搭載して、データを分けて格納しておくことが考えられます。今のコンピューターであれば、4TBのディスクを8個付けて32TB程度にすることはできるでしょう。これによりそれなりのデータ量は格納できますが、データの読み書き速度が速いかどうかは別問題です。8個のディスクしかないため、8並列以上ではデータを読み出せません。アドホック分析や分析のバッチ処理では、いかに速くデータを抽出できるかが重要ですので、8並列の読み込みでは遅すぎて業務では使い物にならないでしょう。

　そこでディスクを複数搭載したコンピューターを複数用意します。それぞれにデータを分散して配置して同時に読み出せば、より速く読み出すことができます。8個のディスクの付いたコンピューターを10台用意すれば、80個のディスクから同時に読み出すことができます。これならばビッグデータ分析で使えるでしょう。これを可能にしてくれる製品が**分散ストレージ**です。

● 分散ストレージのアーキテクチャ

　分散ストレージでは複数のコンピューターにデータを分散しつつ、アプリケーションからは分散を意識させない透過的なアクセス方法を提供します。代表的な製品は**Hadoopプロジェクト**の一部である**HDFS**でしょう。HDFSの説明を通して分散ストレージを理解しましょう。

　HDFSはデータを分散して格納する**DataNode**と、データの保管場所を管理

064

する**NameNode**の二つの役割を持つプロセスから構成されます。

　まずデータの格納方法ですが、HDFSはファイルをデータとしてあつかい、一つのファイルを複数のDataNodeに分割して保管します。また、DataNodeが故障したりDataNode間のネットワークが遮断したりしても、データへのアクセスが継続できるようにデータの複製を三つ持ちます。このように一つのデータの複製を複数のコンピューターで保持し、可用性を高めることを「**レプリケーション**」といいます。また、データの複製に対して読み取りを許可して読み取りのスループットを上げる方式もあり、そのような複製データを「**リードレプリカ**」といいます。

　次にデータへのアクセス方法ですが、アプリケーションからファイルにアクセスする場合は**HDFSクライアント**を使います。HDFSクライアントは最初にNameNodeに対してファイルが格納されているDataNode群を問い合わせ、次にそのサーバ群からファイルを構成するデータを取得します。最後にHDFSクライアント上で一つのファイルに統合し、アプリケーションに返します。

■ HDFSの構成

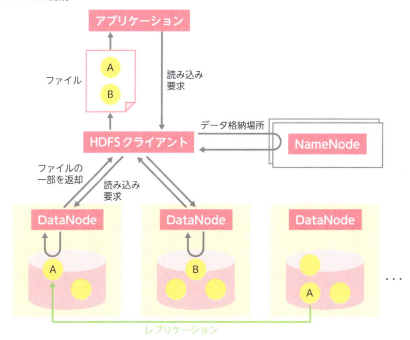

分散ストレージからデータを収集する際は、データの近さ「**データのローカリティ**」という概念が導入されます。ローカルホストが一番近く、同一LAN内、他のLAN、他のデータセンターと順に遠くなっていきます。データはレプリケーションにより複数の箇所にあるため、このデータのローカリティを考慮してできるだけ近いデータにアクセスすることによりネットワーク転送量が最小化できます。

● 分散ストレージとオブジェクトストレージ

クラウドにある**オブジェクトストレージ**も分散ストレージの一種です。HDFSと似ており、扱うデータの単位はファイルであり、データを分散して格納しアプリケーションには透過的にデータにアクセスできるエンドポイントを提供します。HDFSとの違いは、クラウドの各種機能に密結合されているということです。たとえばAmazon Web Services（以下AWSと略記）の**S3**であれば、S3にファイルが配置されたことをフックして別の処理を動かすことができます。ほかには、データへのアクセス速度を遅くしたりデータのレプリケーション数を少なくしたりすることにより料金を安くすることができるオプションを提供しており、データの利用形態に合わせてコストを抑えるしくみがあります。

● 結果整合性

最後に分散ストレージを利用する上でもっとも注意すべき「**結果整合性**」の説明をします。結果整合性をひと言で説明すると、「分散ストレージに加えた変更は、すぐに見えるとは限らない」ということです。

分散ストレージでは、クライアントが更新した内容は複数のノードにレプリケーションする必要があります。レプリケーションが完了するまでクライアントへの応答をしないとシステム全体のスループットが低下しまうため、分散ストレージはレプリケーションの完了を待たせずにクライアントに「更新OK」の返事を返します。結果整合性により古いデータが見えてしまう状況とは、あるクライアント1が更新OKを受領した直後に、別のクライアント2が同じデータを読みに行く要求を出したときに、分散ストレージからレプリケーションが

066

完了していないノードを参照するように案内されてしまい、結果的に更新前のデータが見えてしまう状況です。

■ 結果整合性により古いデータが見える状況

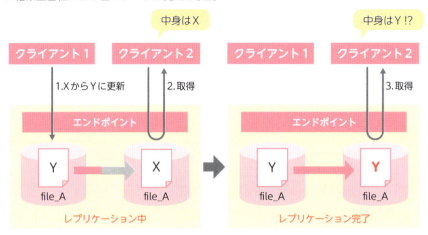

　結果整合性とは違う「**強い整合性**」も存在し、強い整合性であれば加えた変更がすぐに見えます。執筆時点のAWSのS3は書き込み後の読み取り処理は強い整合性ですが、それ以外の更新処理と削除処理といった処理は結果整合性です。HDFSはすべての処理に強い整合性を提供します。このように製品によって提供する整合性レベルは異なるため、分散ストレージを利用する場合は製品のドキュメントをよく読んでください。

まとめ

- ディスクのボトルネックを解消するために分散ストレージがあり、HDFSが代表
- ファイルを分割して複数のノードに格納し、アプリケーションには分散を意識させない透過的な方法を提供する
- 結果整合性の分散ストレージでは、データの変更が全体にすぐに反映されないため注意が必要

Chapter 3　分散処理の基礎

分散計算
～プロセッサのボトルネックを解消する技術～

プロセッサがボトルネックの場合は、計算を分散する必要があります。分散計算のためには前提としてデータが分散している必要があります。詳しく説明していきましょう。

● プロセッサのボトルネックの解消方法

プロセッサのボトルネックを解消するには三つの方法があります。

■ プロセッサのボトルネックを解消する三つの方法

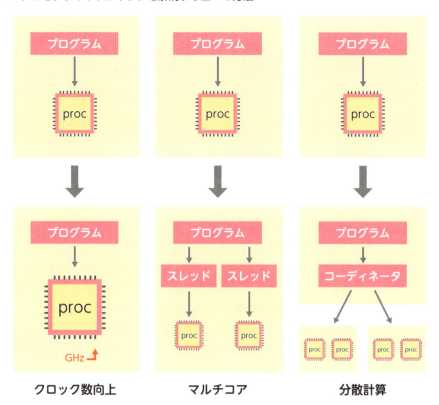

068

一つ目の方法は、プロセッサの処理速度そのものを速くすることです。つまり、プロセッサをクロック数の高いものに交換することになりますが、近年では半導体の集積度が物理的な限界を迎えており、プロセッサのクロック数は頭打ちとなっているため、この方法はあまり効果がないでしょう。

二つ目の方法は、プログラムがマルチコアを活用できるように、プログラムそのものを書き直すことです。プログラムは意図的にマルチコアを利用するように設計しない限り、一つのコアしか使えません。OSはプロセスもしくはスレッド単位でCPUを割り当てますので、プログラムが**マルチプロセス**か**マルチスレッド**で動作しない限り、使えるコアは一つです。

プログラムがマルチコアを利用しているにもかかわらず、それでもなお計算が終わらない場合はどうしたらよいでしょうか。それが三つ目の方法である**分散計算**です。大量のデータを計算する必要があるビッグデータ分析では、分散計算が必要です。

● 分散計算

分散計算では、アプリケーションはコーディネーターに計算を提出し、コーディネーターが複数の計算ノードに計算の指示をして、結果をまとめてアプリケーションに返します。もっとも有名な分散計算であるHadoopプロジェクトの**MapReduce**を通して、分散計算を理解しましょう。

● MapReduce

http://hadoop.apache.org/docs/stable/hadoop-mapreduce-client/hadoop-mapreduce-client-core/MapReduceTutorial.html

MapReduceでは、HDFSに格納されたデータに対して、計算をMap関数とReduce関数という二つの関数で表現し、それぞれをMapperとReducerというプロセスが計算します。Mapperは複数の計算ノードで実行され、Map関数を実行し担当する範囲のデータを必要な部分だけを抽出します。このとき自分のローカルホストにあるデータを優先して担当します。Mapperで抽出されたデータは、シャッフル処理により担当のReducerに渡されます。ReducerはReduce

関数を実行し結果を集計し、HDFSに結果を格納します。次の図は、HDFS上のテキストファイルのアルファベット出現回数をMapReduceで計算している様子を表しています。

■ MapReduceの処理の概念図

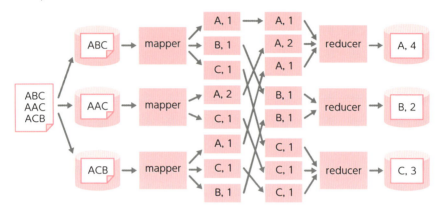

　MapReduceの計算方法を詳細に暗記する必要はありません。理解してほしいことは、分散計算をするためには、Map関数やReduce関数のような**分割可能な計算**である必要があるということです。世の中の計算すべてが分割できるわけではないため、分散計算ができないものも当然あります。たとえば、機械学習におけるモデルの推定は、すべてのデータを行列計算として処理するため分散計算できません。分散できない計算もあるということを理解することは、ビッグデータ分析において非常に重要です。

● SQLの分散計算

　実際の現場では先ほど説明したMapReduceはほとんど使われていません。それは記述が難しすぎるためです。データを扱うにはやはりSQLです。サイエンティストやデータビジネス担当者もSQLならば使えます。そのため、SQLを分散計算する必要があります。
　SQLの分散計算でもっとも有名なのはHadoopプロジェクトの**Hive**でしょう。HiveはMapReduce上で動くSQLエンジンです。HiveはSQLをMapReduceの

関数に書き換えて分散計算します。

● Apache Hive
https://hive.apache.org

　しかしすべてのSQLをうまく分散できるわけではありません。特に結合
（JOIN）やソート（ORDER BY）といったデータ全体にまたがるSQLは分散させ
ることが難しいです。たとえばソートであれば、一つのReducerはすべてのデー
タの値を知りませんので、自分の知っている範囲で並び替えて、後はコーディ
ネーターに任せるしかありません。コーディネーターはすべてのデータの並び
替えをしなくてはならず、CPUボトルネックとなり処理が遅くなります。
　これはHiveに限った特性ではなく、他の分散SQL製品でも同じです。

○ 計算の分散方法を考える癖

　ビッグデータ分析において重要なのは、やろうとしている計算が分散できる
のかを常に考えることです。どんな分散処理製品を使おうとも、分散したデー
タに対して分散計算することに違いはありません。そのため、分散処理製品を
選定する場合は、誇大広告に惑わされずに計算の実行方法を確認しましょう。
今回説明したMapReduce、Hiveは、分散計算の基礎を学ぶ上で非常に有用で
すので、より深く学習しておくことをおすすめします。

まとめ

▶ マルチスレッド・マルチプロセスでも足りない場合は、分散計
　算する

▶ 分散計算するにはMapReduceのように計算が分散できる作り
　になっている必要がある

▶ すべての計算が分散できるわけではないので、常に分散できる
　かを考えることが重要

Chapter 3 分散処理の基礎

05 分散システムのネットワーク
~ネットワークのボトルネックに
ならないために~

分散ストレージと分散計算によりディスクとプロセッサのボトルネックは解消できそうです。しかしネットワークはどうでしょうか。

● オンプレミス環境におけるネットワークボトルネックの解消

オンプレミス環境においてネットワークのボトルネック問題に遭遇した場合、最初に行うことはネットワーク構成図を書いて、どの部分がボトルネックになっているかを特定することです。

例として、事業システムのDBからデータレイクの分散ストレージにデータを収集するときにネットワーク遅延が起きたケースを考えましょう。問題を解決するために、事業システムのDBから分散ストレージに至るまでのデータの流れと、各ネットワークの帯域幅、そしてネットワーク帯域使用率を調査します。

次の図のようにネットワークの全体像がつかめればどこがボトルネックであるかわかってきます。この場合はデータ収集サーバのIN方向の通信が1Gbpsの帯域中0.8Gpbs使っておりボトルネックと考えられます（IN方向とOUT方向はリソースが別なので注意してください）。

これを解消するためにはデータ収集サーバを複数用意して入力を分散すればよいように思えますが、それでは解決しません。なぜならば、途中にあるネットワークスイッチの帯域1Gbpsであるため、データ収集サーバの帯域だけを増やしても事業システムのDBからデータ収集サーバに至る経路の帯域幅は増えないためです。つまり、このケースはネットワークスイッチをより帯域幅の広いスイッチに交換するしかありません。

072

■ 典型的なネットワーク構成図

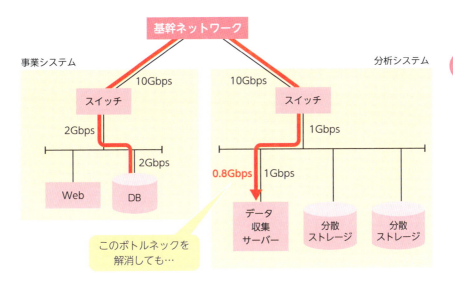

■ 一部のネットワークボトルネックを解消しただけでは不十分な例

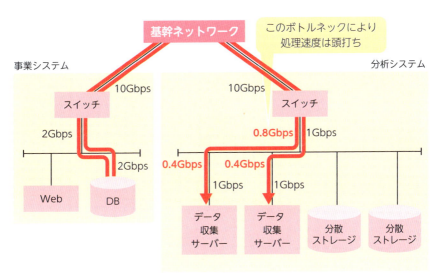

073

● クラウドにおけるネットワークボトルネックの解消

　クラウド環境でもオンプレミスと行うことは一緒です。つまり、ネットワーク構成図を書いて、データの流れ、帯域幅、そしてわかっている範囲でネットワーク帯域使用率を調査します。

　オンプレミス環境と違う点は、クラウドではネットワークも仮想化されているため、ネットワーク帯域は増やしたり減らしたりできる点です。たとえば、AWSであれば仮想マシンのスペックごとにネットワーク帯域が決まっており、より高価な仮想マシンほどネットワーク帯域が広くなっています。

　この点を考慮して、ネットワークのボトルネックを調査します。

■ 執筆時点のAWSのM5シリーズ仮想マシンごとのネットワーク帯域幅

モデル	vCPU	メモリ (GiB)	インスタンスストレージ (GiB)	ネットワーク帯域幅 (Gbps)	EBS 帯域幅 (Mbps)
m5.large	2	8	EBS のみ	最大 10	最大 3,500
m5.xlarge	4	16	EBS のみ	最大 10	最大 3,500
m5.2xlarge	8	32	EBS のみ	最大 10	最大 3,500
m5.4xlarge	16	64	EBS のみ	最大 10	3,500
m5.8xlarge	32	128	EBS のみ	10	5,000
m5.12xlarge	48	192	EBS のみ	10	7,000
m5.16xlarge	64	256	EBS のみ	20	10,000
m5.24xlarge	96	384	EBS のみ	25	14,000
m5.metal	96*	384	EBS のみ	25	14,000
m5d.large	2	8	1 x 75 NVMe SSD	最大 10	最大 3,500
m5d.xlarge	4	16	1 x 150 NVMe SSD	最大 10	最大 3,500
m5d.2xlarge	8	32	1 x 300 NVMe SSD	最大 10	最大 3,500
m5d.4xlarge	16	64	2 x 300 NVMe SSD	最大 10	3,500
m5d.8xlarge	32	128	2 x 600 NVMe SSD	10	5,000
m5d.12xlarge	48	192	2 x 900 NVMe SSD	10	7,000

○ オンプレミスからクラウドへのネットワーク通信

オンプレミスとクラウドの間でネットワーク通信をする必要がある場合は、その間のネットワークがボトルネックになることが多いです。もっとも多いのは、事業システムがオンプレミスにあり、そこにあるデータをクラウド上の分析システムに収集するケースでしょう。

オンプレミスとクラウドを結ぶ方法はインターネット経由と専用線の二つの方法があります。インターネット経由の場合は通信速度は保証されませんので、通信速度を安定させたい場合は専用線を利用する必要があります。当然、専用線のほうが高価になります。

また、オンプレミスとクラウドを結ぶ通信は物理的に離れていることが多く、大きな帯域幅を維持することも難しいため、ネットワークのボトルネックになりがちです。分析システムを設計する段階で必要なデータ転送量を見積もり、必要な帯域を準備するようにしましょう。

まとめ

- オンプレミス環境でのネットワークボトルネックは構成図を書いて調査する
- クラウドでは仮想マシンのスペックごとにネットワーク帯域が異なる
- オンプレミスからクラウドへのネットワーク接続はボトルネックになりやすい

Chapter 3 分散処理の基礎

06 リソースマネージャ
～分散処理を支えるリソース管理～

分散処理によりリソースのボトルネックを解消するためには、ボトルネックとなっているリソースを適切に分配して割り当てる必要があります。それを実現する機能がリソースマネージャです。説明していきましょう。

● リソースマネージャ

リソースマネージャという言葉は聞き慣れないかもしれませんが分散処理においては重要な機能です。リソースマネージャは、複数のコンピューターをまとめて「**クラスター**」として扱い、クラスター全体のリソース（主にCPUとメモリ）を管理して、分散処理に割り当てる役割を担います。

例を挙げて説明しましょう。たとえば、ある分散集計は計算するためにCPU6コアが必要だとします。まず初めに集計処理はリソースマネージャにCPU6コアの割当要求を出します。リソースマネージャは管理しているクラスターから空いているCPU6コアを探して予約して、集計処理に割り当てます。割り当てられた集計処理はそのCPUコアを使って分散計算をします。この例ではCPUコアを割り当てていますが、メモリも同様です。

■ リソースマネージャによるCPUの予約と割当

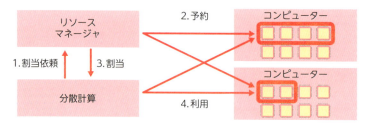

ほかにも、リソースマネージャには複数の処理が同時に実行されたときのリソースの割当スケジューリングも担当します。たとえば処理Aが集計処理のためにリソースマネージャにリソース確保を依頼したときに、すでに別の処理B

がコンピューティングリソースの大部分を利用していたとします。このときに、リソースマネージャは割当可能なリソースを処理Aに割り当てるとともに、不足分は処理Bが終わってクラスターのリソースに空きができてから割り当てます。

◯ リソースマネージャ製品

リソースマネージャの代表的な製品はHadoopプロジェクトの**YARN**でしょう。YARNではCPUコアとメモリを合わせた「**コンテナ**」という単位でリソースを管理します。各コンピューターにノードマネージャと呼ばれるプロセスを起動して、CPUコアとメモリを管理します。そして、各ノードマネージャを管理するリソースマネージャというプロセスがあり、分散計算する場合はリソースマネージャにリソースの確保を依頼します。

クラウドにある分散処理サービスを利用するときもリソースマネージャの考え方は有用です。たとえばGoogle Cloud Platform（以下GCPと略記）のサービスであるBigQueryにおいてSQLで分散集計する場合は、スロットと呼ばれる単位でリソースを管理します。BigQueryでSQLを発行すると、スロットの確保を試み、空きスロットがなければSQLの実行は待たされます。

● Apache Hadoop YARN

http://hadoop.apache.org/docs/stable/hadoop-yarn/hadoop-yarn-site/YARN.html

まとめ

- 分散処理をするにはリソースマネージャを準備しリソースの管理と割当が必要
- HadoopプロジェクトではYARNがリソースマネージャ
- クラウドにある分散処理サービスを利用する上でも、リソースマネージャの考え方は同じ

Chapter 3 分散処理の基礎

07 分散処理の作り方
～Hadoop、自前開発、クラウドサービス～

これまで分散処理の基本を説明してきました。では、実際の現場でどのように分散処理を実現するかを説明しましょう。

● Hadoopを利用した分散処理

分散処理を作るときに、まず選択肢として考えることはHadoopプロジェクトのソフトウェアを使うかどうかです。

Hadoopの正式名称は「Apache Hadoop」です。「Apache」はWebサーバのことではなく、Apacheソフトウェア財団のことであり、オープンソースを開発するコミュニティです（WebサーバはApacheソフトウェア財団の代表的なオープンソースソフトウェアの一つです）。HadoopプロジェクトはApacheソフトウェア財団のプロジェクトの一つであり、分散処理をするためのさまざまなソフトウェアの総称です。今まで紹介してきた分散ストレージのHDFS、分散計算フレームワークのMapReduce、分散SQLのHive、リソースマネージャYARNいずれもHadoopプロジェクトの一部です。

Hadoopプロジェクトは分散処理のためにソフトウェアを作っているため、Hadoopプロジェクトのソフトウェアを用いてできない分散処理はほとんどありません。MapReduceはJava言語で書かれており、Javaで計算できるものであれば何でも分散計算できます。また、今まで説明してきた分散ストレージ、分散計算、リソースマネージャが使えるだけでなく、分散システムの設定を一元管理する「**Zookeeper**」といったソフトウェアや、低遅延でビッグデータを操作するためのキーバリューストア「**HBase**」もあります。

● Apache HBase

https://hbase.apache.org/

078

● **Apahce ZooKeeper**

https://zookeeper.apache.org/

　このように分散処理のことなら何でもできるHadoopですが、一つ大きな欠点があります。それは100台規模の分散処理でも耐えられるように設計されているため、ソフトウェアそのものが重厚長大で運用が大変であるということです。Hadoopを数十台程度の規模で利用してしまうと、Hadoopの分散処理により得られるハードウェアの節約コストよりも、Hadoopそのものを運用する人件費のほうが高価になってしまい、結果コストパフォーマンスが悪くなります。

　実際、ビジネスの現場において100台を超える分散処理が必要になることは多くはありません。誰でも毎日見るようなWebサイトや人気のスマートフォンアプリケーションを分析するようなケースにおいては100台規模の分散処理が必要になりますが、普通の企業の商品サイトやスマートフォンアプリケーションであれば、数十台の分散処理でも十分なことがほとんどです。そして、この規模の分散処理であれば、クラウドをうまく利用すれば自前で作ることができます。そのため、Hadoopはあまり使われなくなってきているという現状があります。

◎ 自前で作る分散処理

　数十台の分散処理であり、かつシンプルな処理であれば、Hadoopを使うよりも自前で作ってしまうほうがよい場合もあります。たとえば、データレイクに格納されているWebサイトのアクセスログファイルを解析して表形式のデータとしてデータウェアハウスに入れるような処理です。この処理であれば、ファイルを処理するワーカーと、それを並列実行させるためのキューとマネージャがあれば実現できます。

　具体的には、マネージャはデータレイクのファイルを監視し、新しいファイルができたらキューの中にタスクを挿入します。ワーカーはキューを監視しており、タスクを見つけたら処理します。

■ 自前で作る分散処理

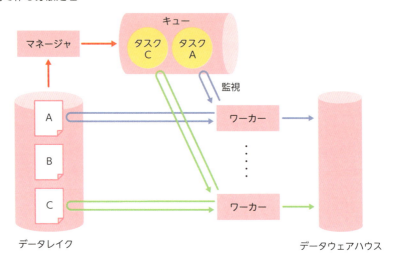

　これはクラウドを利用すると簡単に作ることができます。キューはクラウドにマネージドサービスがありますし、ワーカーをスケールアウトさせることはクラウドのオートスケーリングやサーバレスファンクションを使えば比較的簡単に実装できます。

　自前で作る分散処理は作るのは簡単ですが運用するのはそれなりの負荷となります。それはさまざまな異常ケースに対応しなければならないためです。たとえば、一部のワーカーへの負荷の集中、ワーカーの突然停止、キューの溢れ、等さまざまな異常ケースがあります。Hadoopを利用していればこれらをうまく処理してくれますが、自前で分散処理を作る場合には考慮が必要です。

分散処理できるクラウドサービス

　このようにHadoopの利用も自前の分散処理もそれなりに手間がかかります。もっと楽な方法はないのでしょうか。候補に挙がる方法は、分散計算できるクラウドサービスを利用する方法です。

　AWSの**Redshift**やGCPの**BigQuery**等のデータウェアハウスサービスは、SQLを分散処理できるように作られています。またユーザー定義関数を実行することも可能であり、ユーザー定義関数でできることであればデータウェアハ

ウスサービスだけでやりたいことは実現できるでしょう。

ほかにも、マネージドETLサービスも登場しています。AWSの**Glue**やGCPの**Cloud Data Fusion**等はマネージドETLサービスであり、データの抽出・変換・挿入を行ってくれるサービスです。

これらを活用することで、運用負荷を上げることなく分散処理の能力を得ることができます。具体的な製品の紹介は、システムコンポーネントごとに異なるため、第5章以降で紹介していきます。

最後に、どのような製品を使う場合でも、本章で紹介した基礎知識は有用です。すなわち、ボトルネックを解析し、そのボトルネックを解消するように分散処理することが、製品を使う上でも常に意識すべきことです。

● Amazon Redshift

https://aws.amazon.com/jp/redshift/

● AWS Glue

https://aws.amazon.com/jp/glue/

● BigQuery

https://cloud.google.com/bigquery/

● Cloud Data Fusion

https://cloud.google.com/data-fusion/

まとめ

- **Hadoop**を使えばどんな分散処理でもできるが、100台規模の分散処理を前提としており運用は大変
- 分散処理の規模が小さくて簡単な処理ならば、自前で分散処理を作ることも検討する
- クラウドの分散処理サービスを利用する場合も、基本のボトルネック解析とボトルネック解消は忘れない

4章

機械学習の基礎

ビッグデータ分析においては機械学習が欠かせない技術の一つになっています。機械学習の基本原理と実際の活用方法を理解し、本番システムに導入できるようになりましょう。

Chapter 4　機械学習の基礎

01 機械学習
～数値ベクトルに変換されたデータを
処理する関数～

機械学習はどんなことでもできる魔法のようなツールではなく、単なる数値の計算です。正しく機械学習を理解することにより、システムの一部に機械学習を利用することをイメージできるようになりましょう。

● 機械学習の種類

機械学習の種類は主に四つあります。それは教師あり機械学習 - 回帰、教師あり機械学習 - 分類、教師なし機械学習、そして強化学習です。

■ 機械学習の種類

処理	主な用途	例
教師あり機械学習 - 回帰	データから数値を予測する	売上を予測する。カスタマーの離脱を予測する
教師あり機械学習 - 分類	データを分類する	カスタマーを年代ごとに分類する。写真に写っているものを分類する
教師なし機械学習	データ間の特徴を知る	一緒に購買される商品を見つける。同じ特徴を持つデータを見つける
強化学習	自分で判断をしているかのような振る舞いをする処理を作る	囲碁でプロに勝つ。人間の作業を変わりに行う

教師あり機械学習 - 回帰は、過去のデータをもとに未来のデータの数値を予測します。

教師あり機械学習 - 分類は、教師あり機械学習 - 回帰と同様に過去データをもとに未知のデータを予測しますが、予測するものが数値ではなくデータが属する分類を予測します。たとえば、カスタマーの行動履歴を入力データとして、カスタマーの性別を男か女かのどちらかに分類するといったことです。

教師なし機械学習は、教師あり機械学習とは異なり明確に何かを予測するといった目的はありません。そうではなく、大量のデータから規則性や類似性を導き出して、データを特徴づけたり分類したりすることを目的とします。もっとも有名な例は、スーパーマーケットの購買履歴に対して教師なし機械学習したところ、おむつとビールを一緒に買うことが多いことがわかったという例でしょう。このようなデータ間の関係性を見つける際に利用することが多いです。

強化学習は、教師あり機械学習のように明示的な正解データを与える代わりに、各状況で機械がとった行動に対して「報酬」という形で間接的にフィードバックを与えることで学習を行います。そのため、学習し終わった機械はあたかも自分で判断しているかのような振る舞いをみせます。これは世間で人工知能と評されることもあります。たとえば、囲碁の強化学習では、機械が指した手の盤面ごとに有利不利の点数を付けて、点数が高くなるように自らを強化してきます。これを膨大な回数繰り返すことにより、やがては人間でも勝てないような囲碁のプログラムができます。

教師なし機械学習や強化学習は応用ですので、本書ではビジネス活用が多い教師あり機械学習 - 回帰と教師あり機械学習 - 分類のみを説明していきます。

● 教師あり機械学習 - 回帰

教師あり機械学習 - 回帰は数値を予測する手法です。具体的な例として、企業のホームページの表示数からその企業の売上を予想する例を用いて、教師あり機械学習 - 回帰を説明します。

最初にこれまでのホームページ表示数と売上の値を学習データとして用意します。この場合ホームページ表示数が入力となり、予測したい値が売上となります。予測したい値のことを「**目的変数**」といいます。

未知の入力に対して目的変数の値がわかればよいわけですから、それを導く関数 f を求めることになります。この関数のことを「**モデル**」と呼びます。

教師あり機械学習とは、大量の入力データから、データにもっともフィットするモデルを求めることです。これを「**モデル推定**」といいます。仮にモデルを1次関数 $t = ax + b$ としたときに、もっともフィットする a と b を求めること

がモデル推定です。aとbのことを「**パラメーター**」といいます。パラメーターがわかっていれば、未知の入力に対して目的変数を計算できます。すなわち予測ができます。

■ 教師あり機械学習-回帰の用語説明としくみ

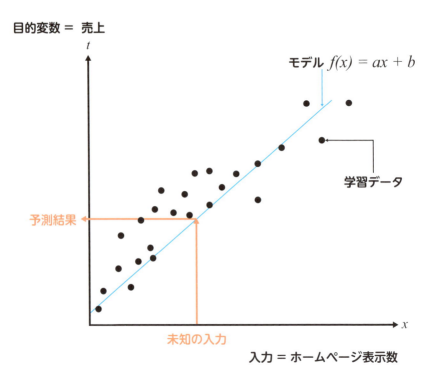

もし、ホームページ表示数だけでなくカスタマー数も入力データにしたい場合は、ホームページ表示数をx_0、カスタマー数をx_1として、$t = ax_0 + bx_1 + c$という三つのパラメーターを持つ関数を考えます。この場合、関数fは(x_0, x_1)という二次元ベクトルを入力としてtを計算する関数になります。このように入力データが多くなっても行うことは同じです。

■ 教師あり機械学習 - 回帰の平面モデル

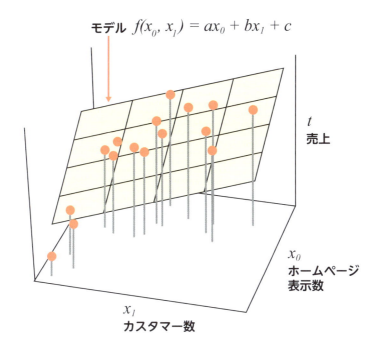

　今回はシンプルな例で説明しましたが、ビジネスの現場で使われるものも原理は同じです。
　このような1次関数を用いた回帰を「線形回帰分析」といい、ビジネスの現場でもよく使われることがあります。理由は、以降に説明するより複雑な手法よりも、1次関数のほうが推定したパラメーターの説明が簡単であり、事業担当者にも理解されやすいためです。

教師あり機械学習 - 分類

　教師あり機械学習 - 分類は、入力を数値ベクトルで表し、計算結果として入力がどの分類に属するかを予測します。計算結果は2種類あり、入力が分類に属するか真偽を判定をするものと、分類に属する確率を計算するものがあります。今回は後者の「分類に属する確率を計算」する例として、画像分類を説明

します。

　画像分類の入力は画像の画素情報になり、計算結果は分類ごとの確率になります。入力は、画像の左上から右下にかけて、画素のRGB（赤・緑・青）の値を数値としてベクトルに格納していきます。計算結果は各分類に属する確率になりますが、イメージが湧きにくいと思うので例を挙げて説明しましょう。たとえば写っている画像をリンゴ、みかん、バナナの三つに分類することを考えます。すると、計算結果は *(0.1, 0.8, 0.1)* といった三つの確率を要素に持つベクトルになります。すなわち、第一要素がリンゴである確率であり、第二要素がみかんである確率、第三要素がバナナである確率です。

■ 教師あり機械学習-分類による画像分類

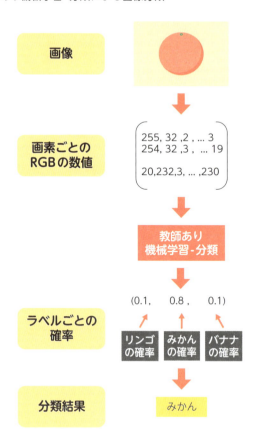

ここでのポイントは、最終的に何に分類するかはビジネスの判断に委ねられるということです。たとえば、(0.1, 0.8, 0.1) の計算結果であればその画像はみかんである確率がもっとも高いので、ビジネス上はみかんであると分類して間違いなさそうです。一方で、(0.1, 0.5, 0.4) の計算結果である場合はみかんと分類するのではなく分類不能と結論付けるほうがよいでしょう。

まとめ

▶ 機械学習とは入力の数値ベクトルから値を計算することであり、教師あり機械学習‑回帰、教師あり機械学習‑分類、教師なし機械学習、そして強化学習の4種類がある

▶ 教師あり機械学習‑回帰では、入力の数値ベクトルから目的変数を計算する

▶ 教師あり機械学習‑分類では、入力の数値ベクトルから、入力が属する分類を求める

Chapter 4 機械学習の基礎

02 データの準備と前処理
～機械学習の開発プロセス（前編）～

機械学習が本番にリリースされ効果を発揮するまでにはさまざまなプロセスが必要です。モデル推定はその中の一部でしかありません。全体を理解してシステム化をイメージしましょう。まずはデータの準備と前処理の説明です。

● 学習データ準備

　機械学習で最初に行うことは学習データの準備です。入力データとそれに対する正解データを用意します。

　学習データがすでに存在しているということは少なく、多くの場合意図的に準備しなければなりません。

　たとえば、カスタマーの行動ログをもとにクーポンを出し分けるといった例では、今まで送ったことのないクーポンの種類については学習することは不可能です。そのため、学習データ収集のために一定期間ランダムにカスタマーごとに出し分けたいクーポンを配布するといったことが必要となります。また、今まで送ったことのあるクーポンだとしても、同じ条件で出されていたという保証がないため、改めて学習データを収集することも多いです。

　ほかにも、画像分類の例では、画像に写っているものが何かを一つずつ手作業で記録していきます。画像内の物体の位置までを特定したいのであれば、写っているものに加えて、その場所を表す座標を記録する必要があります。これを「アノテーション」といいます。アノテーションは膨大な作業量になるため、これを支援するためのアプリケーションや、作業のアウトソーシングを支援する会社等が出てきており、機械学習界隈で注目されている分野の一つです。

　代表例は、Amazon SageMaker Ground Truth でしょう。Ground Truth を用いることにより、ブラウザ上でアノテーション作業を行うことができるだけでなく、担当者への作業の割り振りや進捗の管理をすることができます。

● Amazon SageMaker Ground Truth
https://aws.amazon.com/jp/sagemaker/groundtruth/

次の図では、画像の中にある果物の種類と位置を、数値に変換しています。

■ 物体位置と分類をするためのアノテーション

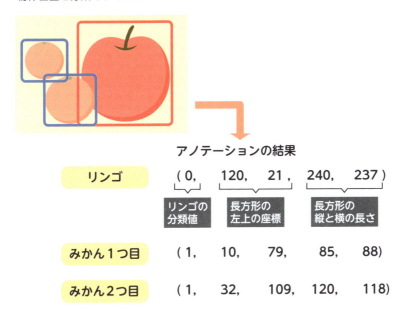

○ 前処理・特徴量抽出

次に行うのは、前処理と特徴量抽出です。

データウェアハウスに格納されているデータをそのまま機械学習に使えない場合も多いため、その場合はデータを変換する必要があります。これを**前処理**といいます。たとえば、日付を曜日に変換したり、年齢を10歳区切りでカテゴリ化したりすることです。ほかにもトランザクションデータにマスターデータを結合することも必要でしょう。また、機械学習の計算は入力が数値ベクトルである必要がありますが、実際のデータは文字列、列挙定数、テキスト、音声、そして画像等、数値とは限りません。そのため、すべてのデータを数値ベ

クトル化することも必要です。数値ベクトルとは、高校数学で学習するベクトルと同じであり、複数の数値を持つデータ構造です。プログラミング言語における、整数型または少数型の配列だと理解しておけばよいでしょう。

　前処理が終わったら**特徴量抽出**です。すべての入力データをそのまま機械学習の入力にすると精度が悪いことがあります。たとえば、カスタマーの離脱予測をするときに、カスタマーがログインした日時のunix時間を直近10回分格納したベクトルを作ることは、データの特徴を捉えておらずよい入力とはいえません。この場合は「直近のログインからの経過時間」や「今週のログイン回数」といったカスタマーの行動特徴をうまく表現するデータに変換することが必要です。このようにデータの特徴を表す数値を「**特徴量**」といいます。この特徴量抽出は、ビジネスの特性を理解してトライアンドエラーを繰り返す難易度の高い作業であるため、「**特徴量エンジニアリング**」が今注目されています。

■ 特徴量エンジニアリングの例

データウェアハウスのデータ

ユーザー ID	ログイン時刻
1	2019-03-29 10:00
1	2019-03-30 12:00
1	2019-04-01 10:00
1	2019-04-02 12:00
1	2019-04-03 11:00
1	2019-04-09 09:00
1	2019-04-11 10:00
1	2019-04-15 11:00
1	2019-04-16 11:00
1	2019-04-18 09:00

わるい特徴量

(1555250231, 1555552236, 1555355436 …)

10回のログイン時刻のunix時間

よい特徴量

(1，4)

直近のログイン
からの経過日数

今週のログイン回数

● 訓練データ、検証データ、テストデータ

前処理と特徴量抽出が終わったら、作成した学習データから**訓練データ**、**検証データ**、そして**テストデータ**の三つのデータの生成を行います。

訓練データは、モデルを推定（学習）する計算で用いられ、検証データを使ってその結果を評価します。そしてモデルの推定が完了したら、全く使っていないテストデータを使い最終的な精度を評価します。テストデータを検証データと別に用意する理由は、推定されたモデルは検証データをうまく予測するように作られているため、検証データのみにうまく適合しそれ以外のデータではよい結果とならない場合があるためです。そのため、利用していないテストデータでよい結果を出せるかどうかを測定することにより、そのモデルがどれだけ汎用的にできているかを評価します。

これでようやくモデルを推定する準備が整いました。このように機械学習では準備が非常に大変です。「データサイエンティストの仕事の8割が準備」といわれることもありますが、イメージできたのではないでしょうか。

まとめ

- 学習データの準備は大変であり、それを支援するアプリケーションや会社が注目されている
- 前処理・特徴量抽出も大変であり、特徴量エンジニアリングが注目されている
- データサイエンティストの作業の大半はデータ準備、前処理、特徴量抽出である

Chapter 4 機械学習の基礎

03 モデル推定とシステム化
～機械学習の開発プロセス（中編）～

データの準備が整ったらモデルを推定します。またモデルが推定できてもシステムに組み込めなければ意味がありません。システムへの組み込み方法をパターンごとに説明します。

● モデル推定

　学習準備ができたら、いよいよモデルの推定です。

　訓練データと検証データを用いてモデルを推定し、テストデータで評価した結果を踏まえて、モデルや特徴量の改善を繰り返し実施することにより、モデルの精度を高めていきます。この部分がデータサイエンティストの腕の見せ所であり、一般的なモデルだけでは目的の達成が困難である場合、最新の研究論文を調査等して、独自のモデルを開発することも求められます。

● ハイパーパラメーターチューニング

　モデルの推定は複雑な計算であり、さまざまな要因によりモデルの精度が変わってきます。たとえば、学習する回数、パラメーターを探索するときの利用するアルゴリズム、パラメーターの探索がどの程度落ち着いたら学習を止めるかのしきい値等さまざまな要因があります。こういったモデルそのもののパラメーター以外の要因を「**ハイパーパラメーター**」といいます。そして、さまざまなハイパーパラメーターを試すことを「**ハイパーパラメーターチューニング**」といいます。近年では、このハイパーパラメーターチューニングは便利なライブラリやプラットフォームが提供されています。

● システム化

　モデルができたら、そのモデルをシステムに組み込みます。

094

システム化する方法は大きく分けて三つあります。それは、予測と結果提供をバッチで行う方式、予測と結果提供をオンラインで行う方式、そして予測をバッチで行い結果提供をオンラインで行う方式の3つです。これらを本書では「バッチ方式」、「オンライン方式」、「ハイブリット方式」と呼ぶことにします。

　バッチ方式の例は、広告配信の利益最大化があるでしょう。広告配信の利益最大化では、広告を出そうとしている全カスタマーについて、もっともクリックしそうな広告をバッチ処理でまとめて計算します。まずは、データウェアハウスにあるデータに対してまとめて前処理・特徴量抽出を行います。そして、計算した結果をビジネス上の意味に変換し、広告配信システムに送付することで、カスタマーが広告を表示するタイミングで適切な広告が表示されます。

■ 機械学習のシステム化　バッチ方式

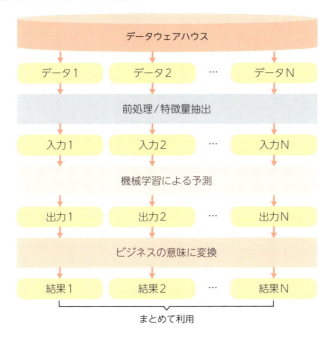

　オンライン方式の例は、カスタマーがWebサイト上で購入を悩んでいることを検知して、クーポンを出すケースがあるでしょう。これはカスタマーのWeb上でのマウスの動き等を入力データとして、購入を悩んでいる確率をそ

の場で予測します。具体的にはAPIを用意し、リクエストごとに前処理・特徴量抽出・予測を行います。バッチ方式とは異なり低遅延の処理が求められます。

■ 機械学習のシステム化　オンライン方式

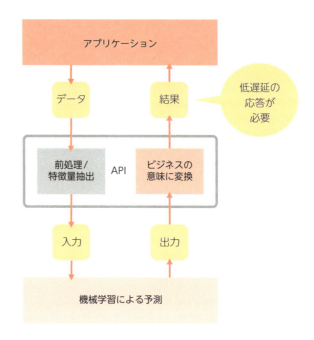

ハイブリット方式の例は、即時性が求められない商品レコメンドです。不動産検索サイトにおける物件レコメンドの様にカスタマーがほしい商品がすぐには変わらない場合、夜間バッチで全カスタマーに対して、カスタマーがほしい商品の予測を行っておき、カスタマーがサイトに来たら予測結果を検索しておすすめ商品を提示します。予測結果を低遅延で検索する必要があるため、応答速度の速い **NoSQL** にデータを格納することが一般的です。

NoSQLとは分散データベースの一種であり、シンプルなクエリを使って低遅延で分散したデータを操作できるデータベースの総称です。

■ 機械学習のシステム化　ハイブリッド方式

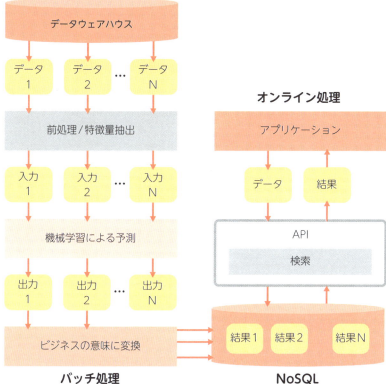

まとめ

- モデルの推定は、必要ならば研究論文を読んで実装することも求められる
- ハイパーパラメーターチューニングによってさらなる精度向上を目指す
- モデルをシステムに組み込むには、バッチ、オンライン、ハイブリットの3方式がある

Chapter 4　機械学習の基礎

04 本番リリースとエンハンス
～機械学習の開発プロセス（後編）～

機械学習のシステムを本番にリリースする際は、すぐに本番にリリースするのは危険であるためABテストをすることが一般的です。またリリースしたモデルは日々モニタリングしてエンハンスを続けることが重要です。

● 本番リリースとABテスト

　十分に精度の高いモデルが作成でき、システム化の方法も決まったら、いよいよ本番リリースです。新規にリリースする場合は悩むことはないでしょう。ですが、既存ですでに動いている処理があり、それを更新する場合には注意が必要です。

　既存で処理が動いているときに、いきなり本番で動作しているモデルを差し替えることは推奨されません。それは、計算上はより高い精度が出るはずであっても、実際に本番システムに組み込んでみたら、肝心の利益向上に対して悪影響を及ぼす可能性があるためです。たとえば、商品レコメンドにおいて、カスタマーがクリックする可能性の高いと計算された商品を表示しても、画面上では隣にある広告と被って、逆にクリックされにくくなってしまうかもしれません。

　こういった机上の計算ではわからない問題に対応するには「**ABテスト**」が重要です。ABテストは、実際に今動いているモデルの予測結果の中に、新しく作ったモデルの予測結果を少しだけ混ぜ込んで、実際のカスタマーの挙動に悪影響を及ぼさないかを確認するテストです。たとえば、オンライン方式においてカスタマーからくるリクエストの90%を従来のモデルで計算し、10%を新しいモデルで計算します。

　そして、新しいモデルの予測結果がより高いクリック率を達成できており、かつ利益向上に貢献している事実が確認できてから、本番のモデルを完全に差し替えます。

■ オンライン予測のABテスト

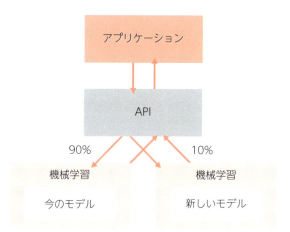

● モニタリング

　本番にモデルをリリースしても仕事は終わりではありません。

　リリースしたモデルが利益に貢献しているか**モニタリング**する必要があります。リリース直後はよかったが、ビジネスの変化とともにモデルが陳腐化し、半年後にはリリース直後の半分の成果しか出ていなかったというのはよくあることです。モデルが陳腐化する理由は、機械学習は学習時のデータと実際に運用するときのデータが同質なデータであるという大きな前提をおいているためです。事業が大きく変わりデータの質が変わっているにもかかわらず、モデルを変えずにいることは、陳腐化しているといえるでしょう。

　こうならないためにも、モニタリングが必要です。具体的には、定期的に機械学習の予測結果と実際のビジネスの成果を蓄積して、ビジネスの成果が減っていないかチェックし、減っていたらアラートします。

　このモニタリングは一見簡単そうに思えますが、実際にシステムを作ろうとするとかなり難しいことがわかります。例として、商品をレコメンドした結果がビジネスの成果に結びついているかをモニタリングすることを考えましょう。

■ 商品レコメンドのビジネス成果をモニタリングするシステム

　まず、Webアプリケーションからカスタマーの行動ログが商品レコメンドAPIに入力されると、おすすめ商品を計算して返します。このとき、どのカスタマーにどの商品をレコメンドしたかレコメンドログに蓄積しておきます。ここまでは簡単ですが、ここからが難しいです。おすすめ商品を見たカスタマーがその後どういう行動をしたかを記録する必要があるため、URLのクリックログを蓄積します。さらに、そのカスタマーが実際に購買に至ったかどうかも記録する必要がありますが、URLのクリックログは欠損することがあり確実性に欠けるため、WebアプリケーションのDBに蓄積されている購買履歴テーブルを使います。この二つのデータを分析システムに取り込み、先ほどのレコメンドログと合わせて「商品レコメンドから購買したかどうか」を計算するデータマートを作ります。加えて、「商品レコメンドを表示しなかったカスタマーが購買したかどうか」のデータマートも作ります。そして二つのデータマートを見て、レコメンドありのカスタマーの商品購買率が下がってレコメンドなしのカスタマーと同程度になってしまった場合、レコメンドの効果が無くなっていることがわかるため、障害としてアラートを発報します。

　いかがでしょうか、事業システムも巻き込んだ大掛かりなシステムになることがわかります。実際の現場でもこれを厳密にできているチームは少なかったです。しかしここまでやらなければ、機械学習の成果はわかりません。

● エンハンス

　モニタリングにより精度の劣化が確認できた場合は、モデルの精度がもとに戻るように**エンハンス**します。エンハンスとは「高める」という意味であり、機能追加や性能の向上を表します。

　最新の学習データをもとにモデルを作り直せば精度がもとに戻るケースもありますが、ビジネスの変化とともに特徴量から設計し直さなければいけないケースもあります。その場合はデータサイエンティストに再設計してもらう必要があります。

　しかし、実際の機械学習の現場では、モデルを初期に作ったサイエンティストが離任しており、モデルの再設計を誰もできないことが多いです。近年の機械学習ブームにより、データサイエンティストは引く手数多であり、仕事はいくらでもあります。モデルの初期構築は楽しいので進んでやりますが、エンハンスはそれほど気が乗らないでしょう。また、請負開発で機械学習が得意な会社にモデルを作ってもらうケースは、モデルを一度作って納品してもらうと、そこで契約終了というケースもよくあります。

　こうならないためには、初期構築したデータサイエンティストにエンハンスの方法を引き継いてもらうことを徹底する必要があります。データサイエンティストに仕事を頼むときは忘れずにお願いしましょう。

まとめ

▶ いきなり本番リリースするのではなく、ビジネスの効果をABテストで確認することが重要

▶ リリースしたモデルが陳腐化していないか、日々のモニタリングが必須

▶ モデルのエンハンスができるように、**構築したサイエンティストには引き継ぎを徹底してもらう**

Chapter 4 機械学習の基礎

05 ディープラーニング
~機械学習ブームの火付け役~

世間は機械学習ブームですが、この火付け役はディープラーニングといってよいで
しょう。機械学習そのものは20年以上前からある技術ですが、ディープラーニング
は何が画期的なのでしょうか。

● 機械学習を数式で表現する

ディープラーニングによる機械学習を理解するためには、機械学習を数式で
理解することが必要です。説明はできるだけ簡単に工夫していますので、数式
が苦手でも、頑張ってついてきてください。

P.85では、教師あり機械学習 - 回帰の例として、ホームページ表示数を x_0、
カスタマー数を x_1 として、売上 t を求めるモデルを考えました。モデルには1
次関数を採用し、その式は $t = ax_0 + bx_1 + c$ でした。ここで関数を汎用化して f
とすると $f(x_0, x_1) = t$ となります。

次に、入力を n 個にした教師あり機械学習 - 回帰の例を考えましょう。この
モデルは入力が n 個であり t を計算結果する関数です。モデルを関数 f とすれ
ば $f(x_0, x_1, ..., x_{n-1}) = t$ となります。

続いて、教師あり機械学習 - 分類を考えましょう。分類の計算結果は分類す
る個数分の確率でしたので、m 個に分類すると $(y_0, y_1, ..., y_{m-1})$ と表現できます。
つまりモデルの関数 f は $f(x_0, x_1, ..., x_{n-1}) = (y_0, y_1, ..., y_{m-1})$ です。

■ 機械学習を数式で表現する

	回帰 出力が1個	分類 出力がm個
入力が 2個	$f(x_0, x_1) = t$ $x_0 \longrightarrow$ f $\longrightarrow t$ $x_1 \longrightarrow$	
入力が n個	$f(x_0, x_1, \cdots x_{n-1}) = t$ $x_0 \longrightarrow$ $x_1 \longrightarrow$ f $\longrightarrow t$ $\vdots$ $x_{n-1} \longrightarrow$	$f(x_0, x_1, \cdots x_{n-1}) = (y_0, y_1, \cdots y_{m-1})$ $x_0 \longrightarrow$ $\longrightarrow y_0$ $x_1 \longrightarrow$ f $\longrightarrow y_1$ $\vdots$ $\vdots$ $x_{n-1} \longrightarrow$ $\longrightarrow y_{m-1}$

● ディープニューラルネットワーク

ディープラーニングは**ディープニューラルネットワーク**を使ってモデル関数 f を計算します。つまり、ディープニューラルネットワークであっても、一次関数であっても、機械学習の計算全体から見ると同じ役割なのです。

■ 1次関数もディープニューラルネットワークも全体から見ると同じ

	回帰 $f(x_0, x_1, \cdots x_{n-1}) = t$	分類 $f(x_0, x_1, \cdots x_{n-1}) = (y_0, y_1, \cdots y_{m-1})$
1次関数	$x_0 \longrightarrow$ 1次 関数 $\longrightarrow t$ $x_1 \longrightarrow$	$x_0 \longrightarrow$ $\longrightarrow y_0$ $x_1 \longrightarrow$ 1次 $\longrightarrow y_1$ $\vdots$ 関数 $\vdots$ $x_{n-1} \longrightarrow$ $\longrightarrow y_{m-1}$
ディープ ラーニング	$x_0 \longrightarrow$ ディープ $x_1 \longrightarrow$ ニューラル $\longrightarrow t$ $\vdots$ ネットワーク $x_{n-1} \longrightarrow$	$x_0 \longrightarrow$ $\longrightarrow y_0$ $x_1 \longrightarrow$ ディープ $\longrightarrow y_1$ $\vdots$ ニューラル $\vdots$ $x_{n-1} \longrightarrow$ ネットワーク $\longrightarrow y_{m-1}$

しかし一次関数とディープニューラルネットワークでは計算の複雑さが全く違います。ディープニューラルネットワークの計算方法を理解するには、まず

ニューラルネットワークの説明をしなくてはなりません。

ニューラルネットワークは、人間の神経細胞を模倣した計算方法です。神経細胞（ニューロン）は入力してきた電気信号をもとに、自分が電気信号を次に伝えるかどうかを決めます。これを数式で模倣すると入力 x_0 と x_1 から計算結果 y を計算することになります。

■ 神経細胞を計算で模倣

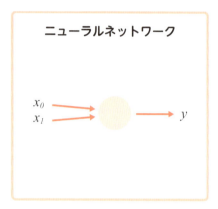

この基本構成を組み合わせてネットワークを構成したものがニューラルネットワークになります。そしてこのニューラルネットワークが何層にもわたって連なっているものがディープニューラルネットワークです。このディープニューラルネットワークを使った計算がディープラーニングです。

■ ニューラルネットワークとディープニューラルネットワーク

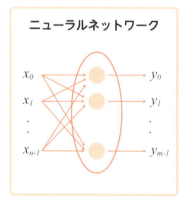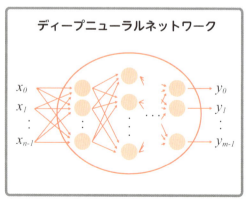

なぜ今ディープラーニングが注目されているのか

　元々ディープラーニングの計算力の高さはよく知られていました。画像から写っている人やものを特定する、音声をテキストに変換する、囲碁で人間に勝つ、これらすべてディープラーニングの計算の賜物です。しかし昔は、ディープニューラルネットワークを計算するプロセッサが低速であったり、ディープラーニングを学習するための大量のデータを扱えなかったりしたため、実用化はできていませんでした。

　近年になり、ディスクが安くなり分散処理技術が発達したことにより、大量の学習データを扱えるようになってきました。また、GPUや機械学習専用プロセッサも製造され簡単に手に入るようになってきたため、現実的な時間でディープニューラルネットワークを計算できるようになってきました。そのため、ディープラーニングがビジネスで活用できるようになり、一大ブームとなっているのです。

まとめ

▶ 1次関数もディープニューラルネットワークも同じ役割

▶ ニューラルネットワークという計算方法があり、それが多層なものがディープニューラルネットワークという

▶ 大量データを扱えるようになったことと、プロセッサの進化がディープラーニングブームの理由

Chapter 4 機械学習の基礎

06 機械学習ツール
～エンジニアでも知っておくべき主要ツールを紹介～

機械学習ブームに伴い、機械学習のツールも充実してきました。データサイエンティストなら誰でも利用する基本ツールや、便利な自動化ツールを紹介します。世の中にある優れた技術を知ることにより、最適な開発プロセスを作れるようにしましょう。

● Python

Pythonはコンパイル不要のライトウェイトなプログラミング言語であり、機械学習をするのにもっとも適したプログラミング言語といってよいでしょう。それは便利なライブラリがたくさんあるためです。その中でも特に重要なライブラリはNumPyとPandasです。

NumPyは数値計算ライブラリであり、機械学習で必須なベクトルや行列の計算を簡単に行うことができます。Pythonの機械学習ライブラリはNumPyのデータ構造を前提として作られており、NumPyがなければ何もできないといっても過言ではないでしょう。また、**Matplotlib**というNumPyのデータ構造を描画するライブラリもあり、作った関数やデータを簡単に描画できます。

Pandasはデータ解析を支援するライブラリです。Pandasはさまざまなデータベースからデータをロードして、データ操作に特化したデータフレームに格納します。格納されたデータに対して欠損の補完や、列や行をもとにした変換を簡単にできるため、データの前処理や特徴量エンジニアリングに最適です。

● Jupyter Notebook

Jupyter Notebookはブラウザベースのアプリケーションであり、ブラウザ上で簡単にプログラムを実行できるだけでなく、プログラムの説明や実行結果も一緒に管理できます。文章で説明するよりも、画面のイメージを見ればよく理解できるでしょう。

■ Jupyter Notebookの画面

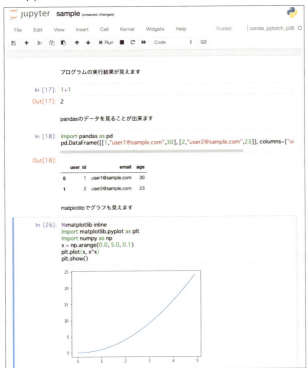

　このようにプログラムを書くとその下に実行結果が表示されます。実行結果がPandasのデータフレームであれば、自動的に表にしてくれます。Matplotlibを使えばグラフを表示することも可能です。Jupyter NotebookはPython以外のプログラミング言語も利用できますが、機械学習にはPythonが向いていることから、Pythonの実行環境として用いられることが多いです。

● Python

https://www.python.org/

● NumPy

https://www.numpy.org/

● Matplotlib

https://matplotlib.org/

● Jupyter Notebook

https://jupyter.org/

機械学習の開発では、プログラムの記述だけではなく実行結果やその説明も成果物として必要です。たとえば、入力データのサンプル、モデル関数の形、そして予測精度を表すグラフをプログラムと共に成果物として管理します。これにはJupyter Notebookがもっとも向いています。

　最近では、Jupyter Notebookを中心として、便利なサービスやプロダクトが登場しています。たとえば、**GitHub**ではソースコードレポジトリに格納したJupyter Nootbookをファイルプレビューできる機能を提供していますし、Google社はGoogle Driveに格納したJupyter Notebookをシェアできる**Colaboratory**というサービスを提供しています。また、**Jupyter Lab**といったIDE（統合開発環境）に近い機能を持ったNotebookもあります。

■ ColaboratoryによってNotebookをシェアしている様子

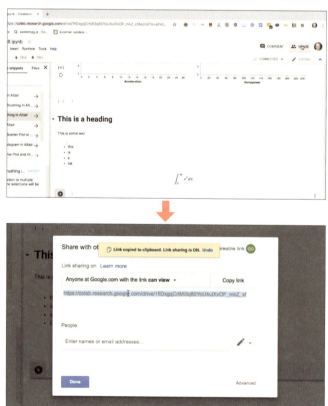

SageMaker

SageMakerはAWS上で利用できる機械学習のトータルサポートサービスです。SageMakerは前節までで紹介した機械学習の開発プロセスのほぼすべての工程においてツールを提供しています。

学習データを作る部分では、画像をアノテーションするツールだけでなく、アノテーションするワーカーに対してAWSを通して仕事の発注ができます。特徴量エンジニアリングからモデル開発の部分は、AWSにホスティングされたJupyter Notebookサービスを利用できます。モデルの推定では、SageMakerに学習データと機械学習のプログラムを提出することにより、GPUを搭載した仮想マシンを起動し自動的にモデル推定をしてくれます。ハイパーパラメータチューニングを支援するしくみもあります。作られたモデルはバージョン管理され、永続化されます。システム化においては、オンラインで利用できるAPIが提供され、このAPIは処理の量に応じて自動的にスケールアウトします。

ビジネスの現場では、機械学習のプロセス全体を管理していくことが求められるため、SageMakerでできる部分はSageMakerに任せることにより、管理の大部分を省力化できます。このように、モデル推定だけでなく機械学習のプロセス全体をサポートするサービスがこれから増えていくでしょう。

■ SageMakerの画面

DataRobot

DataRobot は DataRobot 社の機械学習製品です。

DataRobot を利用すると、ユーザーはスプレッドシートのデータをアップロードし予測したい列を指定するだけで、特徴量抽出と機械学習が自動的に行われて、予測結果を得ることができます。

■ DataRobot の画面

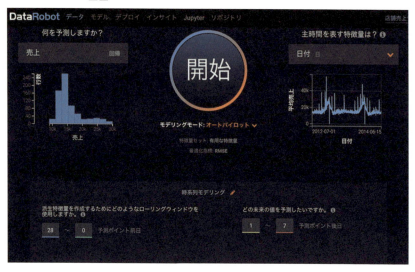

画像のとおり、予測したい列を選択し、ボタンを押せばモデルが推定され、予測をできます。

DataRobot が優れているところは、複数の機械学習アルゴリズムを同時に計算させ、もっとも精度の高かったものを自動的に選んでくれるところです。

ビジネスの現場では、データウェアハウスに蓄積された表形式のデータから簡単な予測をするときに使います。さすがに、データサイエンティストが高度なアルゴリズムを駆使して作るモデルの精度にはかないませんが、そこまで高くない精度でよい場合は DataRobot を利用すると大幅に工数を削減できます。

当初は教師あり機械学習の自動化ツールとして誕生しましたが、現在は時系列の予測といった機能も登場しており、成長著しいプロダクトの一つです。

● **GitHub**

https://github.com/

● **Colaboratory**

https://colab.research.google.com/notebooks/welcome.ipynb

● **JupyterLab**

https://github.com/jupyterlab/jupyterlab

● **Amazon Sagemaker**

https://aws.amazon.com/jp/sagemaker/

● **DataRobot**

https://www.datarobot.com/jp/

まとめ

- Pythonは機械学習に便利なライブラリが多いためデファクトスタンダードになっている
- Jupyter Notebookは、プログラム以外にも実行結果や説明文を管理できる
- SageMakerやDataRobot等高度なツールも登場してきているため、適材適所で利用する

Chapter 4 機械学習の基礎

07 サイエンスとエンジニアリングの役割分担
～システム化やデータ準備等行うことはたくさんある～

これまで機械学習について説明してきましたが、最後にサイエンスとエンジニアリングの役割を整理しておきましょう。

● 工程ごとのサイエンスとエンジニアリングの役割分担

工程ごとのサイエンスとエンジニアリングの役割分担を表に整理しました。

■ サイエンスとエンジニアリングの役割分担

工程	サイエンス	エンジニアリング
データウェア ハウス準備	なし	すべて
前処理・ 特徴量抽出	開発	ノートブック提供、分散処理基盤提供
学習データ 準備	実作業	ツール・プラットフォーム提供、実作業の支援
モデル推定	開発	計算リソース提供、ノートブック提供
システム化	事業側調整、 アプリケーション開発	全体設計、ミドルウェア・ネットワーク準備
ABテスト	実作業	ABテストツール提供
リリース	事業側調整、 開発	全体設計、インフラ準備、コード管理、リリースプロセス整備
モニタリング・ エンハンス	事業側調整、 アプリケーション開発	全体設計、インフラ準備、日々の運用

順に説明していきましょう。

　データウェアハウスにデータを取り込み、取り込んだデータやメタデータを管理する部分はすべてエンジニアリングの仕事です。

112

前処理・特徴量抽出では、サイエンティストが開発しやすいようにノートブックの提供が必要です。またデータ量が多い場合は、分散処理が必要であるため、前処理・特徴量抽出が分散できる基盤を用意します。SQLで前処理・特徴量抽出ができる場合は簡単ですが、SQLではできない場合はPythonが分散できる基盤を用意する必要があります。気の利いた製品はまだないため、Pythonが実行できスケールアウトできる仮想マシンをサイエンティストに提供し、サイエンティスト自らデータを分割して並列処理することが、現実解でしょう。

　学習データの推定では、必要であればアノテーションツールやアノテーションプラットフォームの準備が必要です。また実際に作業する人を確保できない場合は、エンジニアがアノテーション作業要員の一人として駆り出されることもよくあります。

　モデル推定では、機械学習の計算を高速にできる計算リソースの提供が必要です。多くの場合は、GPUを搭載したコンピューターを提供すれば十分です。しかし、それでも処理が間に合わないような複雑な計算の場合は、Google社の**TPU**(Tensor Processing Unit)のような機械学習専用プロセッサや、**FPGA**(Field-Programmable Gate Array)のような自分で構成を設定できるプロセッサの準備が必要でしょう。さらに大規模な機械学習の計算では、データを分散して分散機械学習するケースもあります。分散機械学習はシステム構築が非常に難しいため、少ないプロセッサしか搭載できないコンピューターを多く準備して分散処理するよりも、高価であっても多くのプロセッサを搭載できるコンピューターを一台準備して分散処理しないほうがよいです。

■ Google社が開発した第三世代TPU

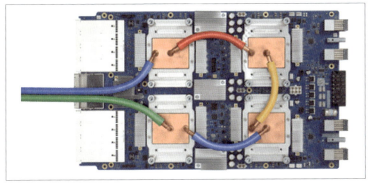

システム化はエンジニアリングがもっとも要求されるプロセスです。サイエンティストやビジネス担当が事業システム側とインターフェースを検討しアプリケーションを開発しますので、それを実装できる全体設計を行い、必要なミドルウェアやネットワークを揃えていきます。たとえば、オンライン方式であればAPIを構築する必要がありますし、バッチ方式でバッチ実行基盤とジョブコントローラーが必要になるでしょう。ハイブリッド方式であればNoSQLを準備する必要があります。

ABテストでは、ABテストツールの導入を考えてもよいでしょう。リリースにおいては、コードを管理するレポジトリの準備や、自動デプロイのためのしくみが必要です。またリリースプロセスを整備し、サイエンティストにリリースプロセスを説明し、作業してもらいます。

モニタリング・エンハンスはシステム化とほとんど同じです。システム化の段階でモニタリングやエンハンスを設計できることがベストです。システム化と同じように、データサイエンティストやビジネス担当が事業システムとのやり取りやアプリケーション開発をしますので、エンジニアはそれを支える基盤を準備します。また、日々のモニタリングを行うためにジョブコントローラーを設定し、アラートを仕掛けます。忘れてはいけないのは、アラートを受け取る運用チームの準備です。定期的にアラートをチェックするプロセスを整備して、アラートが放置されないようにしましょう。

最後に、エンハンスができない状態に陥らないように、初期構築したサイエンティストにエンハンス手順をしっかり引き継いでもらいます。

まとめ

▶ **サイエンスは学習データの準備や、特徴量抽出、モデル推定を中心に担う**

▶ **エンジニアリングはデータウェアハウスの準備、機械学習の計算基盤、そして全体設計を担う**

5章

ビッグデータの収集

ビッグデータの収集は容易ではありません。大量のデータを収集するために分散処理が必要ですし、バッチデータ収集とストリームデータ収集をうまく使い分ける必要があります。また、データ構造の変化に対応できるプロセス整備も必要となります。エンジニアリングにおいてもっとも工数を費やすのはデータ収集でしょう。

Chapter 5 ビッグデータの収集

01 バッチデータ収集とストリームデータ収集
～データ収集の種類～

データ収集は大きく分けてバッチデータ収集とストリームデータ収集の二つがあります。順番に説明していきましょう。

● バッチデータ収集とは

バッチデータ収集は定期的にデータを収集する方法です。

たとえば、Webサイトのデータベースからカスタマーの情報を1日1回収集することが挙げられます。ほかにも、事業システムがNFSサーバやオブジェクトストレージに配置したファイルを1時間に1回収集する例もあるでしょう。NFSはNetwork File Systemの略であり、UNIX系OSのためのリモートファイルシステムであり、オンプレミスにおけるサーバ間のファイル共有方法として古くから使われています。オブジェクトストレージは、クラウドにおけるファイルストレージであり、HTTPSプロトコルを用いてファイルのやり取りをします。

■ バッチデータ収集にて8/21日分のデータをまとめて収集する

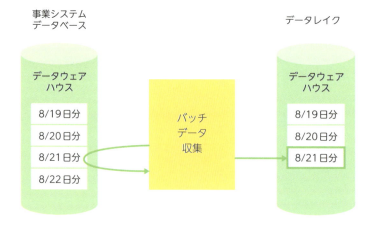

バッチデータ収集はソースデータの更新頻度が高くない場合や、更新頻度が高かったとしても分析での利用頻度が低い場合に利用する方法です。たとえば、日本の祝日マスターデータのようなほとんど更新されないテーブルであれば、バッチデータ収集でよいでしょう。ほかにも、Webサイトの予約情報は随時更新されていたとしても、統計レポートを作るタイミングが1日に1回であれば、1日に1回の収集で十分でしょう。

バッチデータ収集はシンプルな作りであり環境構築が簡単であるというメリットがあります。一方で、データの鮮度が古くなるのはもちろんのこと、1回に大量のデータを収集するため、収集のタイミングに負荷が集中するというデメリットがあります。

ストリームデータ収集とは

ストリームデータ収集はデータが生成されるのとほぼ同時にデータを収集する方法です。

たとえば、Webマーケティングにおいて、カスタマーがWebブラウザやスマートフォンアプリケーションで起こしたイベントを即時に収集したり、IoTにおいてデバイスが生成するデータを即時に収集したりすることが挙げられるでしょう。

■ ストリームデータ収集にてイベントを随時収集する

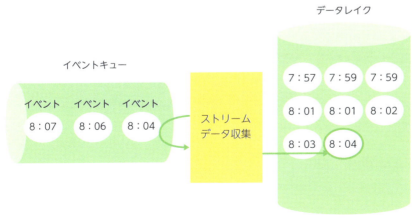

ストリームデータ収集のメリットは三つあり、常に最新のデータが取れること、大量のデータであっても随時処理するため負荷が偏ることがないこと、そしてデータを集計しながら収集できデータ量を減らせることです。一方で、処理の開発や運用が難しいというデメリットがあります。また、遅れて到着するデータや、更新のあるデータを扱うことが難しくなります。そのため、リアルタイムデータ収集は後から更新のない単調増加なデータを収集するのに向いています。

● バッチデータ集計とストリームデータ収集の比較

　バッチデータ収集とストリームデータ収集を比較すると以下のようになるでしょう。

■ バッチデータ収集とストリームデータ収集の比較

	バッチ	ストリーム
処理タイミング	定期的	随時
データ鮮度	×古い	○新しい
漏れのない収集	○可能	×難しい
構築・運用の難易度	○易しい	×難しい
更新されるデータの収集	○可能	×難しい
処理の負荷	×偏る	○均等

　この表を参考に、どのデータをどのように収集するか検討してください。

　たとえば、Webサイトの分析では、データベースに格納されたカスタマー情報や購買情報のように、データの収集漏れが許されずかつ一度挿入されたデータに更新が入るような場合においては、バッチデータ収集を行います。一方で、ブラウザ上のイベントのような、随時取得しなければ間に合わないデータ量でありかつ一度挿入されたデータが更新されないような場合においては、ストリームデータ収集を行います。

■ バッチデータ収集とストリームデータ収集の使い分ける例

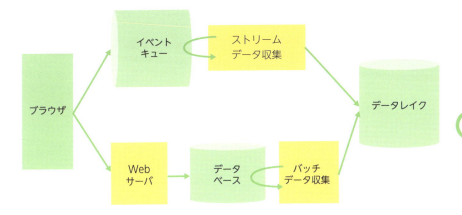

まとめ

- バッチデータ収集はデータの鮮度は古くなるが、構築が簡単であり更新されるデータも扱える
- ストリームデータ収集はすぐにデータが利用できるが、更新されるデータの扱いが難しい

Chapter 5　ビッグデータの収集

02 ファイルデータ収集とファイルフォーマット
～ファイル形式のデータを収集する～

バッチデータ収集の一つにファイルデータの収集があります。ファイルを収集する方法とファイルフォーマットごとの特徴を理解しましょう。

● ファイルの収集

　ソースデータがファイルの場合の収集方法を説明しましょう。

　オンプレミスのサーバにあるファイルを収集する場合は、通常FTPやSCPを用います。ほかにも、事業システムとNFSサーバを共用し、事業システムの処理でファイルをNFSサーバに配置してもらい、収集システムからそのファイルを収集する方式もあります。クラウドの場合は、オブジェクトストレージにファイルを配置してもらい、それを収集します。

　どの方式であっても、事業システムがファイルを生成中にデータを収集してしまわないように、事業システムにデータの配置完了を通知してもらうしくみを準備することが必要です。オンプレミスであれば、ファイルの配置完了を示す特別なファイル「**トリガファイル**」を作ってもらい、収集処理はトリガファイルがあれば収集を開始する方法がよいでしょう。クラウドであれば、クラウドに準備されているキューを利用することもできます。事業システムはファイルの配置完了後にキューにメッセージを投入し、収集システムはそのキューを監視しておきます。

　収集対象のファイルが多い場合は収集処理を分散できるように作ります。たとえば、クラウドのキューを用いた方式にすることにより、収集処理を分散できます。

　これらを考慮した上で、全体像を示した図が以下になります。

120

■ クラウドにおけるファイル収集システム例

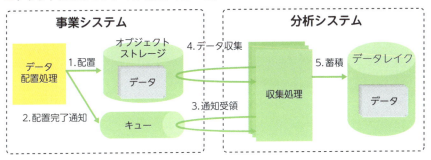

細かい注意点としては、ヘッダー行のないCSVやTSVのように、データの構造がわからないデータを収集する場合は、データ構造を示したファイルも配置してもらうようにしましょう。これにより「CSVの列数は変わっていないが列が入れ替わっている」等の障害に気づけるようになります。

ファイルフォーマットの種類について

ファイルの形式はいくつか種類があります。よくビジネスにて用いられるのはCSVやTSV、JSON、そしてAvroです。順に説明していきましょう。

■ CSV、TSVの例

CSV
```
"name", "age", "email", ...
"渡部徹太郎", 36, "hoge@gmail.com", ...
```

TSV
```
"name"          "age"       "email"
"渡部徹太郎"     36          "hoge@gmail.com", ...
```

CSVはカンマで区切られた表形式のデータであり、**TSVはタブで区切られた表形式のデータ**です。どちらもシンプルなテキストデータであるため、人が読んで理解できることに加えて、簡単に生成や解析ができます。データ収集で利用する場合は、CSVやTSVをzipやgzipで圧縮して扱います。CSVやTSVの欠点としてデータがすべてが文字列として格納されるためデータが大きくなり

がちです。たとえば「100」という数字は数値で格納すれば8bitで扱えますが、文字列だと3文字で24bitになります。もう一つの欠点として、データの型を定義する方法がありません。特に数値の場合に扱いが難しく32bit整数として解析すべきか64bit整数として解析すべきかは、データを見るだけではわからないため、生成する側の仕様を確認しないといけないでしょう。よって、データ量が気にならない場合やデータの扱い易さを重視したい場合は、CSVやTSVを用います。

JSONは階層型のデータを表現できるテキストのデータです。階層型データであるため配列やディクショナリ等を扱うことができ、表現力に優れます。CSVやTSVとは異なり、データ自身がデータの型や構造を保持している「自己記述的」なデータです。インターネットからデータを収集する場合やアプリケーション間の通信はほとんどJSONです（一昔前はXMLでした）。JSONの欠点としては、CSVやTSV以上にデータが大きくなるということです。JSONはデータの中にキーの名前も保持するため、キーの文字列分データ量が大きくなります。またJSONはデータの構造を定義する標準仕様がないため、どんな形のデータが来るかはデータを見てみないとわかりません。JSONが適しているケースはデータ構造が階層型のケースでしょう。

■ JSONの例

```
{
   "name" : "渡部徹太郎"
   "age" : 36
   "email" : "hoge@gmail.com"
   …
}
```

近年では**Avro**という形式も出てきています。AvroはJSONと同じ階層型のデータを扱うことができることに加えて、**独自のバイナリフォーマットを採用**しており、データ量を小さくし高速に処理できるように工夫されています。

■ Avroの例

データ構造定義 (xxx.avsc)

```
{
  "name" : String
  "age"  : int
  "email" : "hoge@gmail.com"
}
```

実データ (xxx.avro)

```
0011101011011011010010100101101
0100101010011010101010101010101
0101010101010101010101000101010
0011101011011011010010100101101
0100101010011010101010101010101
0101010101010101010101000101010
```

　Avroを扱うには対応したデータベースやプログラミングライブラリが必要ですが、BigQueryやRedshift等のメジャーなデータウェアハウス製品はサポートしています。AvroはJSONとは異なりデータ構造の定義が厳格です。具体的にはavscファイルと呼ばれるファイルにデータ構造を定義し、実際のデータはavroファイルにバイナリフォーマットで記録します。このavscファイルを事業システムと分析システムで共有することにより、データ収集する際のデータ構造を明確にでき、データ構造不一致によるデータ収集障害を未然に防ぐことができます。

まとめ

- ファイルの収集では、事業システムにデータの配置完了を知らせるしくみが重要
- CSV/TSVやJSONはテキストであり可読性が高いが、データが大きくなる
- Avroはバイナリでありデータは小さくなるが、見るには専用ライブラリが必要

Chapter 5 ビッグデータの収集

03 SQLによるデータ収集
~データベースからのデータ収集（前編）~

事業システムはほとんどの場合データベースにデータを蓄積しているため、データベースからのデータの収集は重要です。データベースからデータを収集する方法は、SQL経由、データダンプ、更新ログ同期の三つの方式があります。

● SQLを用いたデータ収集

　SQLを用いたデータ収集は、データベースにSQLクライアントで接続し、SELECT文によりデータを収集する方法です。SELECT文とはSQLにおいてデータを読み込む文法です。

　実際に収集処理をどのように作るか説明します。ビッグデータを格納したテーブルを収集する場合は、全件を一回で収集して格納することはできません。**SELECT文**を発行しデータベースから**カーソル**をもらい、カーソルに対して少しずつ**フェッチ**（実際にデータを読み込む処理）を行うことによってデータを少しずつ収集します。フェッチによってデータの一部を収集したら、そのデータをローカルのファイルとして一旦格納し、そのファイルをデータレイクに格納します。こうすることにより、収集処理のメモリやディスクを溢れさせることなく巨大なデータを収集できます。

■ カーソルをフェッチによりデータを少しずつ収集する

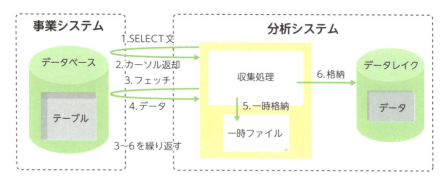

■ フェッチにより5行ずつテーブルを読み込む様子

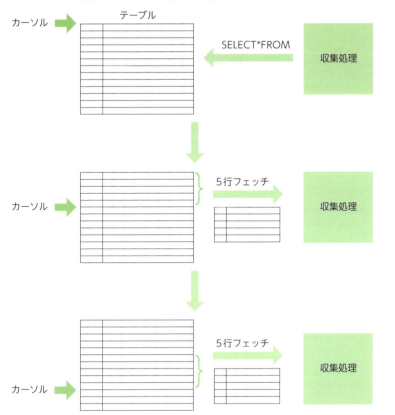

◯ SQLによる加工しながらの収集

　SQLでの収集は、収集しながら加工できるというメリットがあります。SQLは強力なプログラミング言語であり、データの加工をするために便利な文法が多数揃っています。たとえば、文字列の結合や置換、数値計算、値による分岐等です。

　特に機密情報を収集する際に加工するのには威力を発揮します。たとえば個人のメールアドレスは個人情報であるため分析システムに入れると取り扱いが面倒です。そこで、メールアドレスをSQLにてハッシュ化して分析システムに収集することがありますが、SQLなら関数一つで簡単に行うことができます。

◯ SQLを並列に実行して収集

　一つのテーブルに対して一つの収集処理をすることは簡単ですが、収集対象のテーブルが大きく時間内に収集しきれない場合は、一つのテーブルを複数の収集ワーカーで同時に収集することが必要です。これを実現するには、収集対象テーブルを何かしらのキーで分割する必要があります。たとえば巨大な商品マスターテーブルを収集する場合、商品番号の範囲で分割するという方法があります。複数の収集ワーカーを起動し、商品番号のレンジをもとに各収集ワーカーに分配して、収集ワーカーはSELECT文の**WHERE句**で商品番号を絞り込んでデータを収集します。WHERE句とは、SQLにおいてテーブルの行を絞り込む役割があります。

■ 一つのテーブルを複数のワーカーで収集する

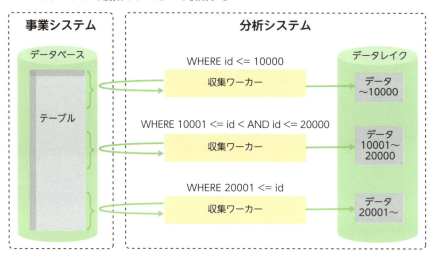

　ただし、この方法で処理時間が短くなるのは収集処理がボトルネックのケースのみです。事業システムのデータベースがボトルネックであるにもかかわらず、並列でデータを収集するとかえって遅くなります。その理由は、事業システムのデータベースをWHERE句で絞り込むことがオーバーヘッドになるため、加えてディスク上の複数の箇所を同時に読み込みに行くことにより読み込みの効率が悪くなるためです。

● 事業システムデータベース負荷に注意

　SQLによる収集は事業システムのデータベースにもっとも負荷のかかる方法であり、三つ注意すべきポイントがあります。

　一つ目は、データベースの**キャッシュが洗い流さ**れてしまうことです。事業システムのデータベースがオンラインシステムのバックエンドの場合、データベースのキャッシュはオンラインのワークロードに最適化されています。すなわち、オンラインでよく使われるデータがキャッシュにロードされています。しかし、データ収集によりすべてのデータにアクセスしてしまうと、キャッシュが収集対象データで上書きされてしまい、オンラインのワークロードが遅くなってしまいます。そのため、オンライン要求の少ない時間帯にデータを収集する等の工夫が必要です。

　二つ目は、**コネクション数溢れ**です。データベースにはコネクション数の上限があります。データ収集のSQLでコネクション数を大量に消費してしまい、オンラインのリクエストが受け付けられなくなってしまうと障害となります。

　最後は、**長時間トランザクション**です。データ収集は扱うデータ量が大きいため、SQLの実行時間が長時間化しがちです。そうなるとデータベースには長時間のトランザクションが存在し続けることになります。一般的なオンラインデータベースの運用では長時間トランザクションは障害扱いされることが多いため、事前に事業システムのデータベース担当者と認識を合わせておかないと、事業システム側の運用に混乱を招くことになります。

まとめ

▶ ビッグデータをSQLで収集するときはカーソルを使って少しずつ収集する

▶ 巨大なテーブルを収集するときは、複数ワーカーにてWHERE句で分割して収集する

▶ SQLでの収集はもっとも事業システムのデータベースに負荷をかける方式であるため注意が必要

Chapter 5 ビッグデータの収集

04 データ出力や更新ログ同期によるデータ収集
～データベースからのデータ収集（後編）～

SQLによる収集は便利ですが事業システムのデータベースに負荷をかけます。負荷の少ないデータ収集方法としてデータ出力や更新ログ同期があります。説明していきましょう。

● データ出力による収集

　データ出力による収集は、データベースのテーブルを出力して、それをファイルとして収集する方法です。データの出力は通常のSQLとは別のしくみで行われるため、データベースのキャッシュを洗い流したりコネクションを消費したりすることはなく、SQL収集よりも負荷をかけずにデータを取り出せます。
　CSVやJSON等の汎用的ファイルフォーマットに出力する方法と、データベース専用ダンプファイルを作る方法の2種類があります。
　汎用ファイルフォーマットに出力する方法は、前節で説明したファイル収集の方法を用いて収集します。

■ 汎用ファイルフォーマットであるCSVに出力して収集

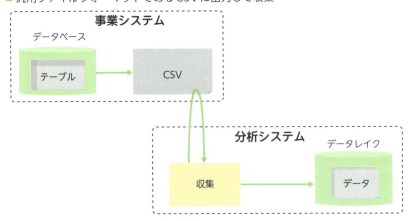

データベース専用ダンプファイルを出力する方法は、たとえばOracleであればOracle専用のデータベースダンプファイルを出力します。このファイルはOracleでなければ復元できませんので、分析システム側にデータを復元するためのOracleを用意する必要があります。これは明らかなデメリットです。

■ ダンプファイルを出力して復元して収集

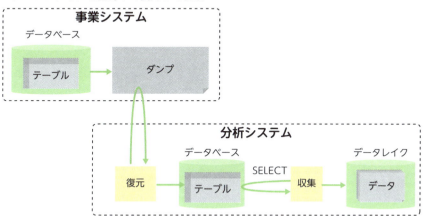

　汎用ファイルフォーマットを利用するよりも、データベース専用ダンプを利用することによるメリットは二つあります。一つ目のメリットは、汎用フォーマットファイルを出力するよりもデータベース専用ダンプファイルを出力するほうが、データベースの負荷が低いということです。その理由は、データを汎用フォーマットに変換するにはCPUリソースが必要になるためです。二つ目のメリットは、事業システムのデータベースの運用の中で定期バックアップとしてデータベースダンプを出力していた場合に、出力処理を新たに作らなくてもよいため工数が少なくて済むことです。

　どちらの方法にせよ注意してほしいのは、事業側のデータベースを整合性が保たれた状態でダンプできるかということです。たとえば、商品の購買テーブルと商品マスターテーブルの両方の整合性が正しい状態で収集したい場合等です。SQLによる収集であれば、SQLはトランザクションの中で実行できますので、データベースの整合性は保たれた状態でデータを収集できます。しかしデータダンプの場合、製品によってはトランザクションの中でダンプできませ

ん。そうなるとデータのダンプ開始から終了までの間で入った更新は、ダンプの中にあるのかどうかわからないという状態になります。注意してください。

● 更新ログ同期による収集

更新ログ同期による収集は、データベースの更新ログだけを収集して、分析システムでデータベースに適用することにより同期したデータベースを作り、そこからデータを収集する方法です。この方法は、事業システムのデータベースにとってもっとも負荷の低い方法となります。更新ログを出力することはデータベースにとっては想定範囲内の処理であり、特別な負荷になりません。

更新ログとは、データベースに更新が入るたびに生成されるログであり、OracleであればREDOログ＋サプリメンタル・ロギング、MySQLであればbinlogのことです。この更新ログのみを分析システムに収集し、それをもとに事業データベースと同期したデータベースを復元します。そして、復元したデータベースからデータを収集します。

このように、更新ログを取得して元のデータベースの複製を作ることを一般的には「**準同期レプリケーション**」といいます。よって、このデータ収集の方法は、準同期レプリケーションしているデータベースからのデータ収集と言い換えてもよいでしょう。

■ 更新ログ同期によるデータ収集

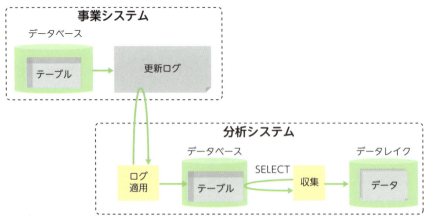

更新ログ同期において注意しなければいけないのは、ログ転送の遅延です。事業データベースは一定の量の更新ログしか保持しないため、ログの転送が遅延し同期すべきログが消えてしまった場合、分析システムへの同期は継続できなくなります。こうなった場合、一度事業システムのデータベースのデータをすべてコピーする再同期処理が必要になり大きな負荷となります。これは一般的な準同期レプリケーションと同じ注意点です。

　また、更新ログ同期のしくみはログ転送や復元用のデータベースの準備等、環境構築がもっとも難しく運用も大変です。事業データの負荷軽減を最優先するケースのみで検討すべきでしょう。

まとめ

- SQLによる収集は簡単に作れるが、事業システムの負荷に注意
- データ出力方法は、整合性を持った状態でダンプできるか注意
- ログ同期方法は難易度が高いため、事業システムの負荷軽減を最優先するときのみ採用する

Chapter 5　ビッグデータの収集

05 API データ収集とスクレイピング
～その他のバッチデータ収集～

ファイルとデータベースからデータを収集する方法のほかには、APIからデータを収集する方法やスクレイピングによるデータ収集があります。順番に説明しましょう。

● API データ収集

　APIとはApplication Programming Interfaceの略であり、異なるコンピューター間でデータをやり取りするためのしくみの総称です。多くの場合、データを提供するための特別なURL「**エンドポイント**」を用意し、他のコンピューターはそのエンドポイントに対してHTTPやHTTPSなどのWebの標準プロトコルでデータを取得しに行きます。

　APIからデータを収集するケースは増えています。オープンデータや企業が販売しているデータは、インターネット上のAPIで提供されていることが増えてきました。オープンデータの例としては、気象データ、地図データ、国や地域の行政データ等が挙げられるでしょう。また、インターネット上の顧客管理サービスを利用しており、顧客データを自動的に分析システムに収集したいケースにおいても、顧客管理サービスのAPIを使います。

　APIからデータを取得する場合は、エンドポイントに対してHTTPやHTTPSのリクエストを送ることでデータを収集できます。そのとき、API提供システムから発行された**トークン**と呼ばれる認証情報をリクエストに付与します。これにより、API提供システムは誰からのリクエストなのか判別できます。

　収集できるデータの形式はJSONがもっとも多いですが、CSVやXMLのケースもあるでしょう。

132

■ APIからのデータ収集

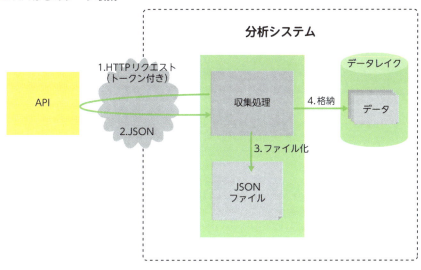

　APIデータ収集で注意すべきことはAPIの呼び出し回数の上限でしょう。APIはトークンによりリクエストしてきたコンピューターを判別し、コンピューターごとにAPI呼び出し回数を制限していることが一般的です。テストで実行したときは問題なくても、本番環境で収集を定常化したらAPI呼び出し回数を超過してしまい、収集できないということはよくあります。

　またAPIから取れるデータはJSONであることが多く、構造の変化を検知できません。APIシステム側の仕様変更によりデータの構造が変わることはよくあるため、APIシステムから通知をもらう等してデータ構造の変化を知れるようにしておきましょう。また、データ構造が変わっても収集そのものが失敗しないように、JSONをそのままデータレイクに格納してしまうことが重要です。一旦データレイクに格納して、データウェアハウスに入れるときにデータ構造をチェックします。これによりデータ収集が失敗しデータが欠損するという最悪の事態を回避できます。

◎ スクレイピング

　スクレイピングとは、Webサイトから取れる**HTMLやJavaScriptを解析し**

てデータを抽出することです。

　スクレイピングが必要な例として、機械学習の学習データを集めるためにインターネット上の画像を収集することや、SNSのテキストを収集することが挙げられるでしょう。また、Webサイトからデータを収集する必要があるがAPIが提供されていない場合において、工数最小化のためにスクレイピングをする場合もあります。

　スクレイピングと聞くと違法行為ではないかと思う人もいると思いますが、対象のWebサイトからもっとも簡単にデータを収集する方法であることは間違いありません。対象のWebサイト担当者が多忙であり、APIの準備や分析システムとのファイルのやり取りを準備できないことも多いと思います。そうであれば、Webサイトを直接解析してもらったほうがWebサイト担当者としては楽です。

　具体的な方法は、プログラミング言語でHTMLとJavaScriptを解析します。HTMLであればそのまま中身を読み取れますし、JavaScriptで動的に画面を生成している場合でもブラウザのライブラリを使えばJavaScriptを動作させた上でデータを抽出することが可能です。

■ Webサイトをスクレイピングしてデータ収集

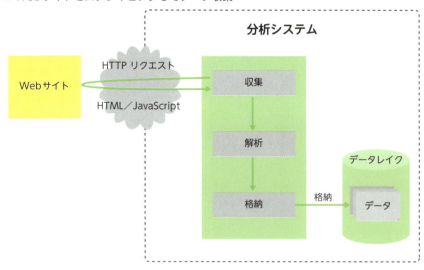

スクレイピングをする際は、Webサイトの担当者と連絡が取れるのであれば相談して進めることが推奨されます。Webサイト担当者に無断でスクレイピングを行うと、検索サイトのクローラーやクラッカーからの攻撃と疑われて、通信を遮断される可能性があります。またWebサイトへの過度な負荷、著作権の違反、利用規約への抵触等の可能性があり、最悪の場合は逮捕されることもありえます。

　Webサイトの担当者と連絡が取れない場合は、HTTPリクエストのヘッダーの**User-Agentヘッダー**に連絡先のメールアドレスやURLを書くようにしましょう。こうするとWebサイトのアクセスログに残るため、問題があったときにWebサイトの担当者から連絡をもらえるようになります。

まとめ

▶ **API収集ではAPI呼び出し回数制限や仕様変更に注意**

▶ **スクレイピングによるデータ収集はWebサイトの担当者に配慮して収集する**

Chapter 5 ビッグデータの収集

06 バッチデータ収集の作り方
～ETL製品を利用するか自前で作るか～

バッチデータ収集を作る場合はETL製品を利用する場合と自前で作る場合の2種類があります。代表的なETL製品の紹介とその選び方、そして自前で作るケースを説明しましょう。

● ETL製品

　バッチデータ収集を行う製品は**ETL製品**と呼ばれます。ETLはExtract Transform Loadの略であり、データを「抽出」「加工」「ロード」することを意味しています（ただし、加工がない抽出とロードだけの処理も、慣例的にETLと呼ばれることがあります）。

■ETL製品によるデータ収集の開発と実行

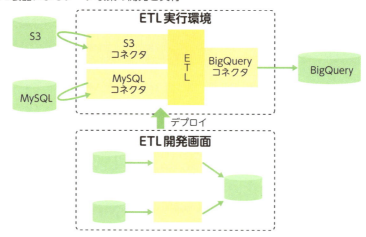

　ETL製品の多くはデータベース収集やファイル収集を可能にするためのコネクタを多数持っています。たとえば、MySQLからの収集であればMySQLコネクタ、S3からのファイル収集であればS3コネクタです。また商用のETL製品

136

では、データの入力と出力を線でつないでデータの流れを可視化しながら処理を開発できるETL開発画面を提供しており、ETL開発画面で作った処理をそのまま本番処理としてデプロイ（処理を配置して動作させること）することができます。これにより、プログラム開発ができない人でもデータの収集ができます。

　具体的なETL製品を二つ紹介します。

　一つ目は**Embulk**（エンバルク）です。Embulkはデータウェアハウスサービスを提供しているTresureData社が中心となって開発したETLを行うオープンソースです。Embulkの特徴はコネクタが豊富であることです。その理由は、コネクタが取り外し可能なオープンソースのプラグインになっており、誰でもコネクタの開発に参加できるためです。Embulkを使えば、豊富なコネクタでほとんどの著名なデータソースと接続できますし、もしコネクタがなければ自分で開発することができます。

● Embulk

https://www.embulk.org/docs/

　二つ目は**Sqoop**（スクープ）です。SqoopはHadoopプロジェクトの一部であり、RDBやオブジェクトストレージのデータを分散してHDFSに取り込むことができます。特にRDBのテーブルを並列に収集する機能が特徴的であり、SqoopにテーブルをWHERE句で分割する条件を指定すると、その条件に基づいてWHERE句を生成して、複数の収集ワーカーが一つのテーブルを並列に収集します。Sqoopの実態はHadoopプロジェクトのMapReduceのMapperであり、YARN上で動作します。MapReduceのジョブとして実行されますが、Map関数としてデータの収集を行い、Reduceは実行されません。クラウドにおいてRDBからオブジェクトストレージにデータを収集するときにSqoopを用いる場合は、データ収集開始時刻になったらAWSのEMR等を用いて一時的にYARNクラスターを構築し、その上でSqoopを動作させデータを収集し、収集が終わったらYARNクラスターを破棄するという使い方をします。

● Sqoop

https://sqoop.apache.org/

● ETL製品を選定するポイント

製品選定の際に注意すべきポイントはいくつかあります。

最初は、**分散データ収集が可能か**どうかです。ETL処理自体は昔からあり、ビッグデータ分析ではないETLの用途でも使われているため、古くからある製品は分散処理ができない可能性があります。

次は、**データベースの更新ログ同期のしくみがあるか**どうかです。更新ログ同期はソースのデータベース製品の更新ログを解析し、出力先に合わせて変換するという複雑な処理が必要になります。そのため、ETL製品のコネクタの多くは更新ログ同期のしくみは備えておらず、SQLを発行してデータを取得するしくみで実現されています。更新ログ同期があるかどうかでETLの性能や特性は大きく異なりますので、ETL製品選定の場合は必ず更新ログ同期ができるかどうか確認するようにしましょう。

最後は、**ソースコードレベルでデバッグとカスタマイズが可能か**という点です。データ収集で発生する障害はさまざまなものがあります。それは日々データが変化するためです。データの桁数が想定より大きい、制御文字が紛れ込んできた、ファイル名が長すぎる、データ量の突然の増加によるディスク溢れ・メモリ溢れ・CPU張り付き、障害のパターンを数え上げればきりがありません。こういった障害は事前に知ることができませんから、当然ETLを開発している人にとっても未知の障害になります。そのときに必要なことがソースコードレベルでのデバッグです。オープンソースであればその開発言語に精通したエンジニアを準備し、ソースコードを読めるようにしておきましょう。商用製品であれば事前に商用サポートの力量を調べておきましょう。そしてデバッグした結果、ソースコードを直す必要が出てきたときにソースコードのカスタマイズができることも重要ですので、ソースコードを修正する方法を調べておきましょう。

● 自前で作るETL

上述のとおり、ETL製品を利用する場合でもソースコードレベルでデバッグしてカスタマイズできる必要があるため、自前で作ってしまったほうが早く開

発でき、運用も楽であることは多いです。ビジネスの現場でも、ビッグデータ収集をしているケースの半数以上はETL製品を使わずに自前で作っていました。理由の一つとして、ETL製品は複雑すぎるということです。単にRDBからオブジェクトストレージにデータをコピーしたいだけであれば、SELECTした結果をファイルを格納するスクリプトを書くだけでよいのです。しかしETL製品を利用すると、使わない多数のコネクタも一緒に入ってきますし、ソースコードが重厚長大でデバッグが難しくカスタマイズも大変です。

自前で作る場合はプログラミング言語での開発が発生しますし、起動するためのジョブコントローラーやキューとワーカーのしくみも必要でしょう。中間データを保持する巨大なディスクも用意する必要があります。このように、作るのにはそれなりの工数がかかりますが、それでもすべて中身を知っていることは運用上メリットがあるのです。

まとめ

- Embulkはコネクタの開発が盛んであり、Sqoopは分散収集が得意
- ETL製品を選ぶときにはソースコードレベルでのデバッグ・カスタマイズができるものを選ぶ
- ビジネスの現場では自前で作ることが多い。理由はすべて中身を把握できるため

Chapter 5　ビッグデータの収集

07 分散キューと ストリーム処理
～ストリームデータ収集の全体像～

ストリームデータを収集するには、次々と生成されるデータを受け止める分散キューとそれを処理するストリーム処理を用意することが一般的です。説明していきましょう。

● ストリームデータ収集の全体像

　ストリームデータ収集では、生成されるデータを受け止めて一時的に保持しておくために**分散キュー**を使います。

　分散キューはその名のとおり分散してデータを保持できるメッセージキューです。データ量が少なければ分散処理する必要はないのですが、ビッグデータを収集する場合は一つのコンピューターでは処理しきれないため、分散キューを用います。

　実際にインターネットサービスのカスタマーイベントストリームを収集するシステムを例に、説明していきましょう。

　まず用語の説明ですが、分散キューにメッセージを入れるアプリケーションを**プロデューサー**（生産者）、メッセージを取り出して処理するアプリケーションを**コンシューマー**（消費者）といいます。ブラウザやスマートフォンで発生したイベントはプロデューサーに送信され、プロデューサーはイベントを受け次第分散キューに登録します。

　コンシューマーは分散キューを常に監視しており、イベントが登録されると即時に受け取りデータレイクに蓄積します。この例では、データレイクにファイルとしてイベントのデータを格納していますが、一つのイベントを一つのファイルに格納すると細かくなりすぎるため、複数のイベントを一つのファイルにまとめて格納しています。

　イベントの数が多くなった場合に備えて、プロデューサー、分散キュー、そしてコンシューマーをスケールアウトできるように作る必要があります。

140

■ Webブラウザのカスタマーイベントストリームを収集するシステム

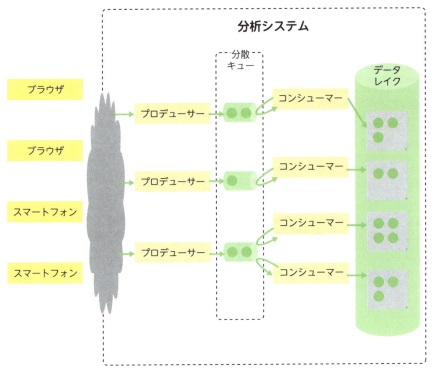

○ コンシューマーにおけるストリーム処理

　コンシューマーでは、受け取ったイベントをそのままデータレイクに格納してもよいのですが、ストリーム処理を行いイベントを要約し、その結果のみをデータレイクに格納する方法もあります。これによりデータレイクのデータ保管コストの削減や、その後の一次加工の処理量削減にもなります。

　ストリーム処理には、時間に依存しない処理と時間に依存した処理の2種類があります。時間に依存しない処理は、フィルタや別ソースとの結合といった、一つのデータだけで完結する処理です。時間に依存する処理は、一定期間のデータを集計する「ウインドウ集計」や、一定期間のデータをもとに予測を行う処理が挙げられます。

ウインドウ集計

ビジネスでよく用いられるウインドウ集計について説明します。

ウインドウとは時間の幅を示し、特定の時間の幅に入っているイベントを集計することを**ウインドウ集計**といいます。ウインドウには主に二つの種類があり、それはタンブリングウインドウとスライディングウインドウです。

タンブリングウインドウは一定期間ごとや一定のイベント数ごとに集計する方法であり、一つのイベントは必ずどこかのタンブリングウインドウに属します。**スライディングウインドウ**は現在から一定時間遡ったウインドウであり、一つのイベントが複数の集計結果に含まれます。言葉での説明は難しいため、図を見てもらうとわかりやすいでしょう。この図ではウインドウ内で発生したイベントの個数をカウントしていますが、ウインドウの種類によって結果が異なります。どのような集計をするかはユースケース次第ですが、コンシューマーに商用製品を利用する場合はやりたい集計ができるか確認しましょう。

■ タンブリングウインドウとスライディングウインドウ

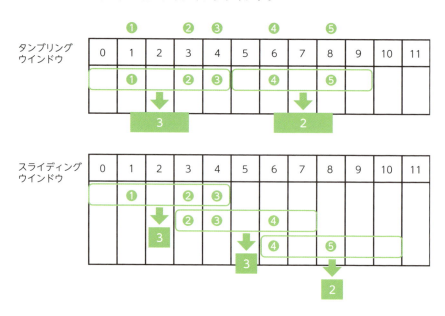

速報システムとしてのストリーム処理

　データ収集とは関係ありませんが、ストリーム処理の結果を速報システムとして利用することは多いです。

　たとえば、Webサイトにおけるカスタマーのイベントをストリームデータ収集し、ウインドウ集計で今何人サイトを見ているか計算し、「あなたのほかに4人がこのページを見ています」といった速報値をWebサイトに表示するケースです。ほかにも、ブラウザのマウスの座標をストリームデータ収集し、カスタマーが商品の購入を悩んでいるかを機械学習により予測し、購入を悩んでいるカスタマーにクーポンを出す事例もあります。

　近年では、このようなストリーム処理による即時データ活用が着目されています。背景として、センサーデータや画像データ等今まで以上に大量のデータの扱いが求められており、データを蓄積していては間に合わないもしくはコストが見合わないケースが増えてきたためです。

■ 速報システムとしてストリームデータ収集システムを利用する

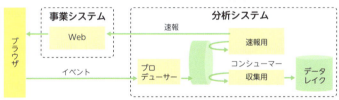

まとめ

- ストリームデータ収集は分散キューを用いてシステムを構築する
- データレイクに蓄積する前にストリーム処理することにより、データレイクに蓄積するデータ量を減らせる
- ウインドウ集計にはタンブリングウインドウとスライディングウインドウがある
- ストリーム処理を速報システムとして利用することで、データの活用の幅を広げられる

Chapter 5 ビッグデータの収集

08 ストリームデータ収集における分散キュー
～分散キューの特性を理解する～

分散キューをシンプルに表現すればメッセージを入れて取り出すだけですが、抑えておくべき特性があります。この特性を理解せずに分散キューを利用すると思わぬ障害に出くわすため注意が必要です。

● 分散キューの特性

　最初に説明すべきは、**順序性保証の有無**です。分散キュー製品によっては、メッセージを入れた順番どおり取り出すことができません。すなわち、FIFO（First In First Out）ではないということです。よってコンシューマーはメッセージの順番が違ってもよいように作っておく必要があります。

■ メッセージを入れた順序では取り出せない

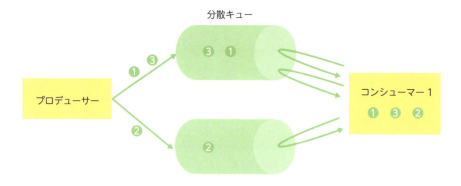

　次は、**メッセージ重複の有無**です。分散キューは、通常一つのメッセージをコンシューマーが1回以上処理する可能性があります。一つのメッセージを同じコンシューマーが2回処理することもありますし、違うコンシューマーが同じメッセージを処理することもあります。よって、コンシューマーは**冪等**（べきとう）に処理を作っておくことが必要です。冪等とは同じ処理を何度やっても結果が

同じになるということです。一つのメッセージを必ず1回だけ処理することを「Exactly Once」といいますが、これがどこまで厳密に実装されているかはよく製品のドキュメントを読んでください。

■ 同じメッセージを複数のコンシューマーが処理することに備えて冪等に処理を作る

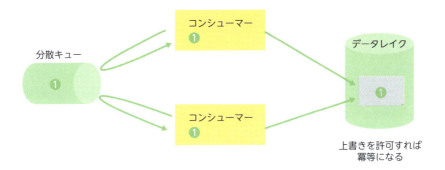

続いて、**可視性タイムアウト**です。可視性タイムアウトとは、あるコンシューマーがメッセージを処理しているときに、他のコンシューマーに処理されないようにメッセージを隠しておく時間のことです。この時間を過ぎても、コンシューマーからACK（完了応答）が帰ってこない場合は、このメッセージを見せるようにし、他のコンシューマーに処理してもらいます。

そして、**デッドレター**の扱いです。コンシューマーが何度処理してもうまく処理できず、ずっとキューに残り続けるメッセージを死の手紙「デッドレター」といいます。このデッドレターを通常メッセージとは別の場所に退避したり破棄したりするしくみが必要です。分散キュー製品では一定回数失敗した場合、デッドレター専用のキューに移し替えてくれる製品もあります。

最後に、**BackPressure**です。プロデューサーのメッセージ生成速度がコンシューマーの消費速度よりも速い場合、キューにメッセージが溜まり続け、やがては容量が溢れてしてしまいます。これを防ぐために、コンシューマーの消費速度に合わせてプロデューサーの生成速度を抑止する機能をBackPressureといいます。分散キューにこの機能があるかどうかは調査しておく必要があります。

分散キューの運用の難しさ

　上記のとおり分散キューには難しい特性が多く、運用するのは想像以上に難しいです。ここでは一例として、コンシューマーの突然停止を考えましょう。

　コンシューマーが突然停止することはよくあります。予期せぬデータによるプログラムのクラッシュや、メモリ溢れ、スケールインによるシャットダウン等です。このとき分散キュー側に適切な可視性タイムアウトを設定しておかないと、収集ワーカーが処理を終えるまで永遠に待ち続けてしまいます。そのため可視性タイムアウトの適切な設定が必要です。

　また、分散キューのキャパシティ見積もりをする上でもこの点は考慮が必要です。つまり、分散キューは、コンシューマーがメッセージの処理開始するまでではなく、処理完了もしくは可視性タイムアウトするまでの間ずっとメッセージを保持するキャパシティが必要であるということです。

　コンシューマーが完全に停止するなら話はこれで終わりですが、さらに複雑なのは突然停止したと思っていたコンシューマーが実は動いており、忘れた頃にデータレイクにデータを登録するケースです。分散キューからは、コンシューマーが停止したのか処理中なのかは判断できませんので、このようなことは発生しえます。この場合、二つのコンシューマーが同じデータをデータレイクに登録することになるため、処理を冪等に作っておくことの重要性を再認識できるでしょう。

146

■ 停止したはずのコンシューマーAが生存していた場合に起こること

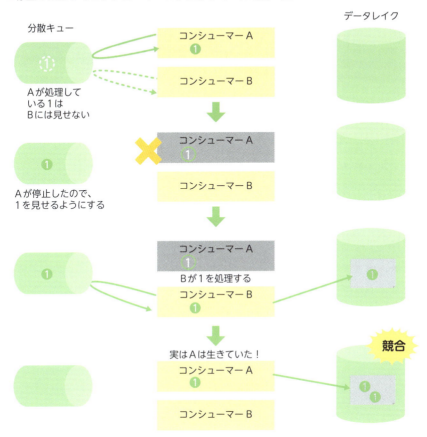

まとめ

- 分散キューの特性である順序性保証、メッセージ重複、可視性タイムアウト、デッドレター、そしてBackPressureを理解する必要がある
- 特性を理解した上で、処理を冪等にしたりキューのキャパシティを設計をしたりする必要がある

Chapter 5 ビッグデータの収集

09 プロデューサー、分散キュー、コンシューマー
～ストリームデータ収集の作り方～

ストリームデータ収集を実現するにはプロデューサー、分散キュー、コンシューマーの三つを用意する必要があります。

● プロデューサーの作り方

　プロデューサーは業務によってその形態が大きく異なります。Webのアクセスログを解析する例では、ブラウザのJavaScriptから登録されたデータを受け止め、それを分散キューに入れる簡単なWebサーバを作ることが一般的でしょう。スマートフォンアプリケーションのカスタマー行動ログでは、スマートフォンに分散キューのクライアントライブラリを入れるという選択肢もあります。このようにプロデューサーは業務によって作り方はさまざまであり、汎用化できる説明も少ないため、本書での言及もここまでとします。

● 分散キューの作り方

　分散キューは製品を使います。今までの説明のとおり分散キューはかなり複雑なミドルウェアであるため、自前で構築する人はいないでしょう。分散キューの製品は、オンプレミスとクラウドで選択肢が変わってきます。

　オープンソースであれば **Apache Kafka** でしょう。Kafkaはビッグデータのストリームデータ収集のために作られたミドルウェアであり、多くの企業で採用されています。複数のコンピューターを用いてKafkaのクラスターを構成することで分散キューになります。

　クラウドのマネージドサービスであればAWSの **Kinesis Data Streams** が分散キューのマネージドサービスです。AWSにはSimple Queue Serviceという分散キューサービスもありますが、こちらは大規模なデータを扱うことには対応していないため、システム間で命令をやり取りするような小さなデータを伝達

するために用います。

GCPであれば **Cloud Pub/Sub** が分散キューにあたります。

● コンシューマーの作り方

コンシューマーは要件によって作り方が異なります。

単に分散キューからデータを集めてデータレイクに入れるだけであれば、自前のプログラムでもよいでしょう。この場合、無限ループを書き、分散キューにデータがあれば処理するプログラムになります。しかし常にプログラムを常駐させておく必要があり、開発は簡単ではありません。このような問題に対しては、クラウド環境のサーバレスコンピューティングが最適解となります。たとえば、AWS **Lambda** やGCPの **Cloud Functions** です。サーバレスコンピューティングでは分散キューにメッセージが入ったことをトリガに動作させることができますので、常駐プログラムにする必要はありません。また、キューの長さに応じてコンシューマーをスケールアウトさせることもできます。さらに楽をするのであれば、AWSの **Kinesis Data Firehose** を使えば、分散キューのデータを直接S3やRedshiftに格納できます。

ウインドウ集計がしたい場合は製品を利用するべきでしょう。AWSの **Kinesis Data Analytics** はSQLでウインドウ集計ができるマネージドサービスです。オープンソース製品ではApache Sparkの **Spark Streaming** や **Apache Flink** があります。また近年では、Google社が中心となって **Apache Beam** というプログラミングモデルを開発しました。Beamはバッチ処理とストリーム処理の両方を記述できるプログラミングモデルであり、Beamで実装した処理はSparkやFlinkで動作します。またGCPには **Cloud Dataflow** というマネージドサービスがあり、ここでもBeamの実装を動かすことができます。

機械学習による予測をしたい場合は、自前でプログラムを書くことが多いです。プログラムの中でメッセージを分散キューから収集し、機械学習に入力できる形に前処理や特徴量抽出を行い、機械学習で予測をします。機械学習の計算の応答速度を速めるために、コンシューマーはGPUを搭載したコンピューターで動作させることがよいでしょう。機械学習の予測のエンドポイントを作ってくれるサービスがあり、AWSであれば **Sagemaker**、GCPであれば

Cloud Machine Learning Engineです。これらはGPUのマシンを利用できます。

● 製品のまとめ

今まで説明してきたことをまとめると次の表のようになるでしょう。

■ ストリームデータ収集を構成する要素

			オープンソース	AWSマネージドサービス	GCPマネージドサービス
プロデューサー			自前プログラム		
分散キュー			Kafka	Kinesis Data Streams	Cloud Pub/Sub
コンシューマー	ストリーム処理しない（そのまま格納）		自前プログラム	Lambda、Kinesis Data Firehose	Cloud Function
	ストリーム処理する	ウインドウ集計	Spark Streamings、Flink	Kinesis Data Analytics	Cloud Dataflow
		機械学習の予測・分類	自前プログラム	自前プログラム＋Sagemaker	自前プログラム＋Cloud ML

● **Apache Kafka**

https://kafka.apache.org/

● **Amazon Kinesis Data Streams**

https://aws.amazon.com/jp/kinesis/data-streams/

● **Cloud Pub/Sub**

https://cloud.google.com/pubsub/docs/overview

● **Amazon Lambda**

https://aws.amazon.com/jp/lambda/

● **Google Cloud Functions**

https://cloud.google.com/functions/docs/?hl=ja

● **Amazon Kinesis Data Firehose**

https://aws.amazon.com/jp/kinesis/data-firehose/

● **Amazon Redshift**

https://aws.amazon.com/jp/redshift/

● **Amazon Kinesis Data Analytics**

https://aws.amazon.com/jp/kinesis/data-analytics/

● **Apache Spark**

https://spark.apache.org/

● **Apache Flink**

https://flink.apache.org/

● **Apache Beam**

https://beam.apache.org/

● **Cloud Dataflow**

https://cloud.google.com/dataflow/

● **Amazon SageMaker**

https://aws.amazon.com/jp/sagemaker/

● **Cloud Machine Learning Engine**

https://cloud.google.com/ml-engine/

まとめ

▶ **プロデューサーは業務によって作り方が異なる**

▶ **分散キューは製品を使い、オープンソースならばKafka、マネージド・サービスならばKinesis StreamsやCloud Pub/Subを利用する**

▶ **コンシューマーは用途に応じて実装が異なり、単なる収集、ウインドウ収集、機械学習の予測で作り方は異なる**

Chapter 5　ビッグデータの収集

10 データ構造変更対応
～データ構造はビジネスの成長とともに変わる～

データ収集運用でもっとも大変なことがデータの構造変更への対応です。ビジネスの成長ともデータ構造は日々変更されます。データ構造の変更への対応は技術だけでは解決できない問題であり、プロセスの整備が重要です。

● データ構造の変更は避けられない

　今までビッグデータを分散処理して収集する方法を説明してきたため、データ量の増加に対応する方法は理解できたでしょう。しかし、データ構造の変更については言及してきませんでした。現実問題として、データ収集の運用においてはデータ量の変化よりもデータ構造の変更への対応のほうが厄介です。それはデータ構造の変更は技術だけでは解決できない問題であるためです。

　データ構造の変更の例を示しましょう。たとえば、Webサイトのデータベースからデータを収集する場合は、機能の追加や廃止によってテーブル列の増減や、テーブルそのもの追加削除が発生します。IoTにおいてJSONデータを収集している場合であれば、新しいデバイスの追加により、今までにないJSON構造に対応する必要があるでしょう。インターネットのオープンデータやデータサービスからデータを収集している場合でも、サービスの仕様変更に伴いデータ構造変更は発生します。

　このようにデータ構造の変更は避けることができないため、決まったデータ構造のみに対応するデータ収集処理を作ってしまうと、構造が変わったときに収集処理そのものが失敗してしまいます。収集処理が失敗すると、手動によるデータ復旧作業が必要となり、データ分析を開始できるまでの時間が遅延し、復旧作業により運用工数が増大するでしょう。

● データ構造の変更に対応するプロセス

　データ構造の変更に対応するためには、データソースである事業システムと

分析システムでデータ構造の変更プロセスを取り決め、それに従いデータ構造を変更させる必要があります。

　データ構造の変更プロセスについて、事業システムのデータベースからデータを収集するケースを用いて説明しましょう。変更プロセスには大きく二つの方法があり、本書では一つを非同期方式もう一つを同期方式と呼ぶことにします。

■ データ構造の変更に対応するプロセスの種類

非同期方法

事業システム　　　　　　　　分析システム

1.変更　　　　　　　　　　3.収集定義の変更

2.変更連絡

同期方式

事業システム　　　　　　　　分析システム

4.変更　　　　　　　　　　2.収集定義の変更

1.変更の依頼　　　　　　　3.変更の承認

データ構造変更管理システム

　非同期方式は、事業システムの開発担当者にデータベースに対する構造変更作業を教えてもらうことです。メールで教えてもらってもよいですし、テーブル定義を管理するレポジトリの変更通知を自動でもらう方法でもよいでしょう。これらの方法でデータ構造の変更を検知したら、データ収集の定義を変えます。しかし、この方法は完璧ではありません。データ構造の変更がデータ収集の直前に行われた場合、データ収集の定義変更が間に合わず収集は失敗します。また、事業システムの緊急リリース等何かしらイレギュラーな状況でデー

タベースの変更が発生した場合、事業システム担当者は分析システムにかまっている暇はないため、分析システムへの通知は期待できないでしょう。

一方、同期方式であれば、データ収集の失敗を完全になくすことができます。同期方式では、事業システムのデータベースへのリリースプロセスの中でデータ収集の定義を変えます。たとえば、データ構造の変更を管理するシステムを準備し、事業システムのデータベースを変更する場合は、事業システムの担当者にそのサイトへの申請を義務付けます。分析システム担当は、申請を承認すると同時にデータ収集定義が変わるようにしくみを作っておきます。こうすることにより、データ収集は確実に成功しますが、事業システムのリリースにおいてやらなければいけないプロセスが一つ増えるため、事業システムのリリーススピードの低下につながります。

■ データ構造の変更に対応するプロセスの種類と特徴

	非同期方式	同期方式
説明	データ構造の変更管理とデータの変更は別プロセス	データ構造の変更管理をした後にデータを変更
データ収集の安定度	×不安定	○安定
事業システムのリリーススピード	○影響を与えない	×遅くなる

● 同期方式と非同期方式の選択

企業において、同期方式と非同期方式のどちらが採用できるかは、企業内でどれだけデータ分析の優先度が高いかによって決まります。データ分析が事業システムのリリース速度よりも優先されるケースであれば同期方式が採用できますが、事業システムのリリース速度が優先される場合は非同期方式になるでしょう。

同期方式を採用している一例として米国のUber社があります。データ構造を変更するリリースをする前に必ずデータ構造の登録が義務付けられています。Uberではデータ分析による顧客体験の向上やコスト削減が非常に重要視されているため、同期方式が成立します。

しかし、企業内におけるデータ分析の優先度が低いとそうはいきません。残

念なことに、多くの日本企業では分析システムよりも事業システムが優先される実態があります。その理由は、事業システムが企業の利益を生み出しているためであり、分析システムは補佐的な位置づけという状態から抜け出せていないためです。Uber社のようにデータ分析が事業上欠かせないピースになっていることは珍しいでしょう。この状況を抜け出すためには、企業内においてデータ分析で価値を出すことが重要です。企業においてデータ分析の価値が認められれば、データ収集への理解も得やすいでしょう。

まとめ

- ビジネスの成長とともにデータ構造の変更は避けられず、これに対応するには事業システムと一体となったプロセスの整備が必要
- プロセスは同期方式と非同期方式に大別でき、企業においてデータ分析がどれだけ優先されているかによって方式が決まる
- 多くの日本企業では事業システムが優先されることが多いため、データ分析の成果を上げデータ収集への理解を得ることが求められる

6章

ビッグデータの蓄積

ビッグデータを蓄積するためには、生のデータを蓄積するデータレイクと、分析に使えるように整理したデータを蓄積するデータウェアハウスの、二つの蓄積機能が必要です。本章ではこれらの具体的な作り方を説明するとともに、特に重要であるデータウェアハウスについて、基礎知識から実践的な製品選定まで詳しく説明します。

Chapter 6　ビッグデータの蓄積

01 データレイクと データウェアハウス
〜生データと分析用のデータは別に用意する〜

ビッグデータの蓄積では、生のデータを蓄積するデータレイクと、分析に使えるように整理したデータを蓄積するデータウェアハウスが必要です。データレイクのデータをデータウェアハウスに蓄積できるようにするためには、一次加工が必要です。

● データレイクとデータウェアハウス

データレイクは収集した生のデータをそのままファイルとして格納し、大切なデータ資産を保管する役割を担います。データレイクに格納されるデータは、CSV等の構造化データだけではなく、画像、テキスト、音声といった非構造化データもあります。

しかし、データレイクに蓄積されているデータをそのまま分析で使うことは難しいでしょう。非構造化データは分析で扱えないため構造化データに変換する必要がありますし、構造化データであってもデータの欠損補完やマスターとの結合などの処理しなければ分析では利用できないことが多いです。このデータ変換を本書では**一次加工**と呼びます。一次加工によりデータレイクのデータを変換して、**データウェアハウス**に格納します。

データウェアハウスは、分析で利用できるようにデータが構造化されて格納されているだけではなく、アドホック分析、データ可視化、そしてデータアプリケーションがデータを利用できるように、計算リソースとSQLインターフェースを提供する役割も必要です。

■ データレイク、一次加工、データウェアハウスの関係性

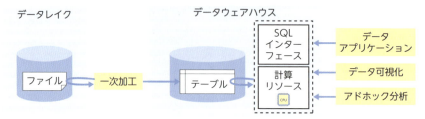

● データレイクの実現方法

データレイクはファイルを格納する必要があるため、分散ストレージ製品を用います。ここでは、具体的な分散ストレージ製品について説明していきます。

オープンソースではHadoopプロジェクトの**HDFS**が有名ですが、ビジネスにおいてHDFSをそのまま使う企業はほとんどありません。その理由は、HDFSそのものはオープンソースであり、技術サポートがなくバグ対応パッチの作成を保証してもらうこともできません。この問題を解決するために、オープンソースのHDFSに技術サポートやパッチ対応を付けて商用製品に仕立てて販売している企業があり、それは**Cloudera**社と**MapR**社です（以前はHortonworks社もありましたが、2019年1月にCloudera社との合併を完了しています）。Cloudera社は、オープンソースのHadoopを無償で開発しつつ、技術サポートやパッチ対応が付いたCloudera CDHや、クラウド上の管理サービスCloudera Altus Directorなどを販売しています。MapR社は、HDFSとNFSの両方に対応したMapR-FSという製品を出しており、Hadoopの一部としても使えますし、NFS製品の代わりにも使えます。

クラウド上の分散ストレージは**オブジェクトストレージ**と呼ばれます。AWSであれば**Amazon S3**、GCPであれば**Google Cloud Storage**（以下**GCS**と略記）、Microsoft Azure（以下Azureと略記）であれば**BLOB Storage**が、オブジェクトストレージにあたります。オブジェクトストレージはHTTPSのプロトコルを用いてファイルのやり取りをします。オブジェクトストレージの特徴は、古いデータを自動的に料金の安いストレージレイヤに移してくれる機能や、複数のデータセンターに複製を持つ機能があります。

● Cloudera社

https://jp.cloudera.com/

● MapR社

https://mapr.com/ja/

● S3

https://aws.amazon.com/jp/s3/

● **Google Cloud Storage**

https://cloud.google.com/storage/

● **Microsoft Azure**

https://azure.microsoft.com/

● **Blob Storage**

https://azure.microsoft.com/ja-jp/services/storage/blobs/

● 一次加工の実現方法

　一次加工はデータレイクに格納された生データをデータウェアハウスに格納するための変換処理です。

　たとえば、データレイクに格納されたデータがCSVであれば、まず初めにCSVのヘッダー行をチェックし想定されたデータ構造かどうか確認します。これをデータバリデーションといいます。その後、データの欠損値を埋めたり異常値を取り除いたりするデータクレンジング、表記は異なるが同じ意味を持つデータの表記を統一する名寄せ処理、トランザクションデータに対してマスターデータの値を結合して分析で使いやすくする等の結合処理、そしてメールアドレスなどの機密情報をマスクしたりハッシュ化する機密情報除去処理などを行います。最後にテーブル構造にしてデータウェアハウスに挿入します。

　データレイクに格納されたデータが画像のような非構造化データであれば、まずバリデーションを行った後に、機械学習の計算を行い構造化データに変換し、変換した結果に対して構造化データの一次加工と同じ処理を行いデータウェアハウスに挿入します。

　このように、一次加工は数多くのバリエーションがあるため、実現方法はさまざまです。データウェアハウスのSQLやユーザー定義関数で計算可能であれば、データウェアハウスに取り込んでから計算します。そうでない場合は、何かしらのプログラミング言語で書いたプログラムを分散処理させる必要があります。実際の現場では次の三つの方法がよく取られており、一つ目はHiveやSpark等のHadoopプロジェクトのソフトウェアを使う方法、二つ目はAWSのLambdaやGCPのCloud Functionのようなクラウド上のサーバレスコン

ピューティングを利用する方法、そして三つ目はAWSのGlueやGCPのCloud Data Fusion等のマネージドETLサービスを利用する方法です。

■ 一次加工の例

データウェアハウスの実現方法

データウェアハウスは表形式のテーブルをデータとして扱い、データ利用者に対して計算リソースとSQLインターフェースを提供する必要があるため、データベース製品を利用します。

データベース製品は2種類あり、一つはデータの操作を得意とするオペレーショナルデータベース（以下**オペレーショナルDB**と略記）であり、もう一つはデータの分析を得意とするアナリティックデータベース（以下**アナリティックDB**と略記）です。データウェアハウスではアナリティックDBを利用します。この理由については次節以降で詳しく説明します。

まとめ

▶ **データレイクには分散ストレージを用いる**

▶ **一次加工はケースによってさまざまな計算が必要であるため、実装方法も多種多様**

▶ **データウェアハウスには、オペレーショナルDBではなくアナリティックDBを使う**

Chapter 6 ビッグデータの蓄積

02 アナリティックDB
〜オペレーショナルDBとアナリティックDBの違い〜

データベースにはオペレーショナルDBとアナリティックDBの2種類があり、データウェアハウスに用いるのはアナリティックDBです。二つの違いを理解しましょう。

● オペレーショナルDB

　オペレーショナルDBは、少量のデータに対してランダムにデータ操作することが得意です。たとえば、ECサイトにおける商品カゴの操作のように、同時に複数のユーザが商品を参照したり挿入したりするようなデータ操作が得意です。

　オペレーショナルDBは、大量の細かい処理を行う必要があるため、処理の**応答速度**を重視します。一回のクエリであれば数ミリ秒から数十ミリ秒で処理をします。またオペレーショナルDBではインデックスを提供しているため、行を検索する場合はテーブル全体をスキャンせずに行にアクセスできます。

■ オペレーショナルDB

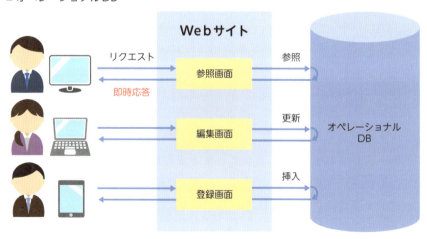

これを実現するために、オペレーショナルDBではテーブルのデータを行ごとに格納し、行に対するアクセスが高速に動作するように作られています。これを「**行指向**」といいます。

■ 行指向

ユーザID	アイテムID	購入日時	購入金額
1	A	2019/05/03 13:00	1000円
2	B	2019/05/03 13:00	2400円
3	C	2019/05/03 13:00	900円
4	D	2019/05/03 13:00	2300円

行の操作が得意である一方、特定の列でテーブル全体を集計するのは苦手です。たとえば、ECサイトにおいてカスタマーの平均単価を計算する際は、購入テーブルの購入金額列で集計して平均を出す必要があります。これを行指向DBで行おうとすると、すべての行にアクセスし、その中の列の値を取り出す必要があります。これは負荷のかかる重い処理となります。

オペレーショナルDB製品は**リレーショナルデータベース**（以下RDBと略記）と **NoSQL** の2種類があります。RDBの代表製品は、オンプレミスであればOracle社のOracleやMySQL、Microsoft社のSQL Server、クラウドであればAWSのAuroraです。NoSQLの代表製品は、オンプレミスであればMongoDB、クラウドであればAWSのDynamoDBでしょう。

● アナリティックDB

アナリティックDBはデータを一括でロードした後、データ全体に集計をかけるような処理を得意としています。たとえば、ECサイトのオペレーショナルDBからその日の売上テーブルをロードして、日時の売上レポートを作成するために集計をするようなデータ操作です。アナリティックDBは応答速度よりも**スループット**（単位時間あたりのデータ処理量）に重点をおいています。

■ アナリティックDB

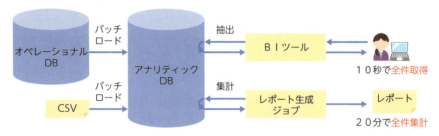

　アナリティックDBはオペレーショナルDBとは違い、列方向にデータを固めて保持します。これを「**列指向**」といいます。それにより、特定の列への集計はデータ全体をスキャンする必要がなく高速です。

■ 列指向

ユーザID	アイテムID	購入日時	購入金額
1	A	2019/05/03 13:00	1000円
2	B	2019/05/03 13:00	2400円
3	低速	2019/05/03 13:00	900円
4	D	2019/05/03 13:00	2300円

　一方で、アナリティックDBはデータ操作が苦手です。なぜならば、一つの行の値を更新するためには、その行が含まれている列指向データの中身をすべて書き換えなければいけないためです。そのため、アナリティックDBではデータの更新や削除は非常に低速になりますし、製品によっては機能そのものを提供していません。それはつまり、SQLにおけるUPDATE文とDELETE文はサポートしていないことになります。UPDATE文やDELETE文がないとどうやってデータを更新したらよいかわからないかもしれませんが、その場合はテーブル全体をDROPしその後変更部分を含むテーブルデータ全体をロードするしかありません。普段オペレーショナルDBを使っていると非常に不便に感じますが、アナリティックDBはデータの抽出や集計に特化させているため、しかたありま

せん。

アナリティックDB製品は、SQL on HadoopとDWH製品の二つに分類されます。SQL on HadoopはHadoop上でSQLを分散処理できるエンジンを用いてアナリティックDBの機能を実現しています。DWH製品は、オンプレミスであればTeradataのようなアプライアンス製品、クラウドであればAWSのRedshift、GCPのBigQuery、そしてSnowflake社のSnowflakeが代表製品です。具体的な製品については章の後半で説明します。

● オペレーショナルDBとアナリティックDBの比較

最後にオペレーショナルDBとアナリティックDBの比較を表にまとめます。

■ オペレーショナルDBとアナリティックDBの比較

	オペレーショナルDB	アナリティックDB
得意な処理	データの細かい操作	データの抽出・集計
データの持ち方	行指向	列指向
重視する性能	応答速度	スループット
更新・削除	○できる	△できないor遅い
トランザクション	○RDBはできる	×できない
データの集計	×遅い	○速い
データのロード	×遅い	○速い

まとめ

▶ オペレーショナルDBは少量のデータの操作に優れ、応答速度を重視

▶ アナリティックDBは大量のデータの抽出・集計に優れ、スループットを重視

▶ ビッグデータ分析で利用するのはアナリティックDB

6
ビッグデータの蓄積

165

Chapter 6 ビッグデータの蓄積

03 列指向フォーマット
～列方向にデータを圧縮して分析処理を高速化する技術～

ビッグデータ分析で利用するアナリティックDBは、データを列指向フォーマットで扱います。列指向フォーマットは分析を高速化する要の技術です。詳しく説明しましょう。

● 列指向フォーマットとは

　列指向フォーマットとは、データを特定の列ごとに圧縮して保持し、抽出や集計が高速になるように作られたデータフォーマットです。列指向は英語でColumnar（カラムナ）であり、列指向フォーマットは「カラムナフォーマット」と呼ばれることもあります。

　列指向フォーマットは、ファイルフォーマットとメモリフォーマットの2種類があります。ファイルフォーマットの代表例はApache Parquet（パーケット）とApache ORCであり、メモリフォーマットにはApache Arrowがあります。

　具体的に列指向フォーマットの特徴を説明していきましょう。

● Apache Parquet

https://parquet.apache.org/

● Apache ORC

https://orc.apache.org/

● Apache Arrow

https://arrow.apache.org/

● 符号化によるデータ圧縮

　表形式のテーブルを想像するとわかりますが、行方向で見るとバラバラのデータであっても列方向で見るとデータの型や値は近くなります。たとえば、

年齢という列であれば大部分は10〜70の間の整数になりますし、日付のタイムスタンプであれば近いデータほど近い値になります。列指向フォーマットでは、この「列方向には同じようなデータが並ぶ」という特性を利用して、データを**符号化**し圧縮します。

例として為替レートを時系列で格納している表において、為替レートの列を圧縮することを考えましょう。

■ 列指向フォーマットの圧縮例

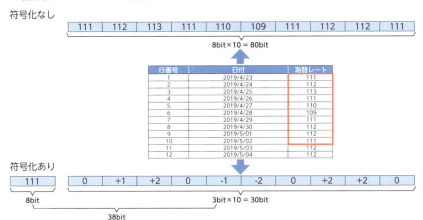

為替レートの値は255までの正の整数であるため、符号なし8bit整数で表現できます。よって、自然に考えれば10個のデータを格納するのに必要なビット数は80bitです。

しかし符号化によるデータ圧縮を用いることにより、このビット数を減らすことができます。具体的には、このデータの平均値である111とその差分だけを格納するようにします。各データは-2〜2までの5個の整数で表現できましたので、3bitで扱えます。具体的には、2は010、1は001、0は000、-1は111、-2は110と表現することができます。これを符号化といいます。これにより3bitの整数が10個で30bit、加えて元になっている111の8bitを足しても、合計38bitで済みました。これにより80bitが38bitに圧縮できました。

これは一例ですが、このように同じようなデータが並ぶ特性を活かして、データを圧縮します。

● データの読み飛ばし

　列指向フォーマットは、データを圧縮するだけでなく、データの抽出や集計の際にデータを読み飛ばせるような工夫がされています。それは、データの値を保持するだけではなく、レコード数、最大値、最小値といった統計情報も保持するためです。

　先ほどと同じ為替レートのテーブルを例に説明しましょう。このテーブルを列指向フォーマットにデータを圧縮するときに、併せてレコード数は10、最大値は113、最小値109という統計情報も計算します。

■ 列指向フォーマットファイルに統計情報がデータと一緒に保持されている様子

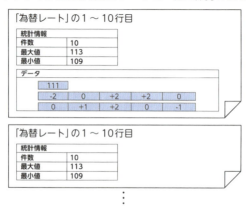

　この統計情報によりデータの読み飛ばしができます。一つ例を挙げると、為替レートが115円以上の時刻を抽出するようなクエリです。このクエリに対しては、このデータは最大値が113であることがわかっているため、中のデータを見なくても対象外であることがわかります。すなわち読み飛ばしができるのです。これにより不必要なディスクアクセスを減らして処理を高速化しています。

● 更新や削除が困難

　これまでの話から、列指向フォーマットを用いた具体的な処理イメージが付

いてきたと思います。ここまで理解できれば、更新や削除が遅い理由も想像できるでしょう。たとえば、(実際には起き得ないケースですが) 為替レートの1行を更新することを考えてみましょう。データは符号化されて圧縮されているため、符号化を一旦解除してもとの値を復元し、値を更新した上で再度符号化して圧縮する必要があります。想像しただけでも面倒ですし、処理が遅いのも明確でしょう。列指向フォーマットを扱うアナリティックDBが更新や削除が苦手な理由はまさにこれなのです。

■ 列指向フォーマットの行の更新は影響範囲が大きい

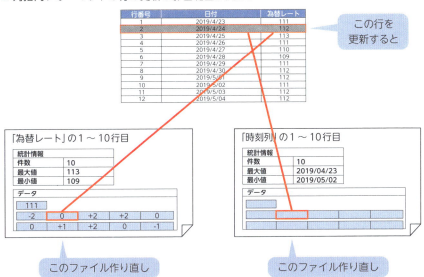

まとめ

- 列指向フォーマットは列方向のデータは似ている特性を活かしてデータを圧縮する
- 統計情報を保有することで読み飛ばしを実現し、ディスクアクセスを減らす
- アナリティックDBが更新や削除が苦手なのは列指向フォーマットが原因

Chapter 6　ビッグデータの蓄積

04 SQL on Hadoop
〜アナリティックDBの選び方（前編）〜

HadoopプロジェクトのSQL on Hadoopと呼ばれるソフトウェアを使うことによりSQL実行環境を構築でき、アナリティックDBの機能を実現することができます。説明していきましょう。

Hive

HiveはHiveQLというSQLに類似したクエリ言語を提供します。Javaで動作するため、Javaで記述されたライブラリであればユーザー定義関数として呼び出すことができます。たとえば、テキストデータをJavaの形態素解析エンジンを利用して単語分割して集計するといったこともHiveで可能です。ただしRDBでないためDELETEやUPDATEの機能は限られています（最新のバージョンでしか利用できません）。

Hiveのアーキテクチャは複雑です。その理由はHiveそのものには分散計算をする能力はなく、Hiveの計算をMapReduce等の分散処理フレームワークの計算に変換して行うためです。MapReduceを動かすにはリソースマネージャとしてYARNが必要です。さらに、Hiveが扱うデータはHDFSやオブジェクトストレージに格納されたファイルであるため、ファイルをHiveのテーブル構造にマッピングするために「Hiveメタストア」も必要です。これまでの話を図に整理すると次ページの図のようになるでしょう。

MapReduceの部分は他の計算フレームワークに置き換えることができます。たとえばApache TEZに置き換えることにより、処理結果をメモリ上で保持することができ、MapReduceよりも低遅延で応答することができます。

HDFSの部分は、S3等のクラウドのオブジェクトストレージに置き換えることが可能です。

Hiveは歴史の長いプロダクトで処理が安定しており、クエリの実行中にサーバがダウンしても処理を継続できるため、データ全体を変換するような長時間で大規模な分散処理に適しています。そのかわり応答速度は遅く、どんなに簡

単なクエリでもプロセスの起動等で時間がかかるため、アドホック分析やBI製品のバックエンドDBには向いていません。

● Apache TEZ

https://tez.apache.org/

■ Hive+MapReduce+YARN+HDFSの組み合わせ

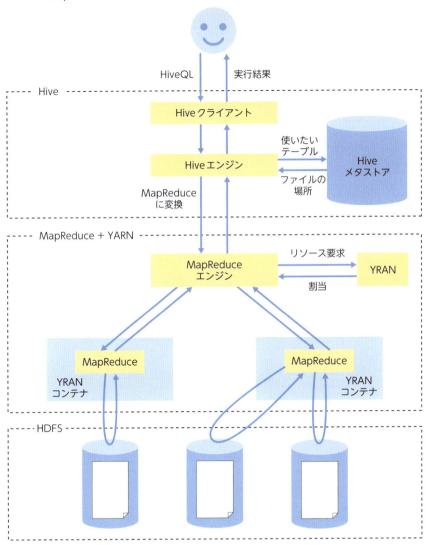

● Presto、Impala

Presto はFacebook社が中心となって開発したオープンソースのSQL対応分散クエリエンジンです。PrestoはHiveと完全に同じデータを扱うことができます。具体的には、HDFSやオブジェクトストレージのデータをHiveのメタストアを通してテーブル構造として理解して、標準のSQLを使って分析できます。そのため、クラウドベンダーがHadoop関連サービスを提供する際は、HiveとPrestoをセットで提供しています。Hiveは計算の中間結果をディスクに書き出すためクエリの応答速度が低速であるのに対して、Prestoはメモリ上で計算を行うため応答速度は高速であり、数秒で集計結果を得ることができます。アドホック分析やBI製品のバックエンドに最適でしょう。一方でメモリを超える処理は実行できないため、全量のデータを一気に加工するような処理には向いていません。加工にはHive、低遅延なクエリにはPrestoと使い分けることが一般的です。

Impala はCloudera社が中心となって開発したオープンソースのSQL対応分散クエリエンジンであり、Presto同様クエリの応答速度に重きをおいています。Clouderaを利用する場合はPrestoではなくImpalaを利用します。

● Presto
http://prestodb.github.io/

● Apache Impala
https://impala.apache.org/

● Amazon EMR
https://aws.amazon.com/jp/emr/

● Google Cloud Dataproc
https://cloud.google.com/dataproc/docs/concepts/overview?hl=ja

● Amazon Athena
https://aws.amazon.com/jp/athena/

● SQL on Hadoop の実行環境

SQL on Hadoop の実行環境はオンプレミスやクラウドを問わずさまざまです。SQL on Hadoop の実行環境とデータ格納の組み合わせ一覧は以下のとおりです。

■ SQL on Hadoop の実行環境とデータ格納の組み合わせ一覧

環境		プロダクト	SQLエンジン	データ格納
オンプレミス		Apache Hadoop	Hive, Presto, Impala	HDFS
		Cloudera	Hive, Impala	HDFS
		MapR	Hive	MapR-FS
クラウド	仮想マシン上にインストール	Cloudera	Hive, Impala	HDFS, S3, GCS等
	マネージドHadoopサービス	Amazon EMR	Hive, Presto	S3, HDFS
		Google Cloud Dataproc	Hive, Presto	GCS, HDFS
	クエリサービス	Amazon Athena	Hive, Presto	S3

まずオンプレミス環境ですが、オープンソースの **Apache Hadoop** と商用製品の **Cloudera**、**MapR** が選択肢となります。MapR は HDFS を独自に改造した MapR-FS にデータを格納し、ディレクトリのリスト等操作が高速ですが、Presto は使えません。

クラウドの場合は三つの選択肢があります。一つ目は、**仮想マシンの上にインストール**するパターンです。Cloudera はクラウドの仮想マシン上に自動でインストールするツールがあり、それを利用します。データ格納先は HDFS でもよいですし、各クラウドのオブジェクトストレージが利用できます。二つ目は、クラウドが提供する**マネージド Hadoop サービスを利用**するパターンです。具体的には、AWS であれば Amazon EMR、GCP であれば GCP の Google Cloud Dataproc が Hadoop サービスです。Hadoop サービスは、クラウドベンダーが管理する Hadoop クラスターが自動で構築されます。三つ目は、SQL を投入するインターフェスのみが提供される**クエリサービスを利用**するパターンです。

クエリサービスはAWSのAmazon Athenaであり、S3に蓄積されたデータに対してHiveとPrestoをクエリ単位課金で実行できます。

● データ蓄積におけるHDFSとオブジェクトストレージの選択

　データの蓄積について、HDFSとオブジェクトストレージの両方を選べる製品はどちらを選ぶべきでしょうか。違いは大きく二つあります。

　一つ目の違いは、オブジェクトストレージにデータを格納すると、計算リソースとデータ蓄積が分離されるということです。これにより、計算リソースとデータ蓄積能力をそれぞれを別々に購入することができるため、トータルコストが安くなるメリットがあります。たとえば、夜間バッチのタイミングだけ計算リソースの追加したい場合では、オブジェクトストレージにデータを格納していれば計算リソースだけを瞬時に追加・削除できます。一方でHDFSの場合は、データと計算リソースは同一のコンピューターにする作りであるため、計算ノードを追加してもデータの移動に時間がかかるため、迅速な計算リソースの追加・削除ができません。

■ データの蓄積をHDFSとオブジェクトストレージにした場合の比較

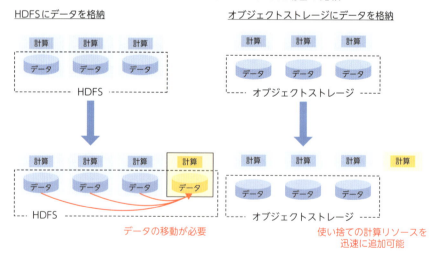

　二つの違いは、保証している整合性の違いです。HDFSは強い整合性を保証

しますが、オブジェクトストレージは結果整合性です（結果整合性については第3章の分散ストレージの節で説明しています）。そのため、同一のデータを何度も更新・削除することが必要なケースでは、オブジェクトストレージをそのまま利用すると正しい計算結果にならないことがあります。この問題を解決するために、オブジェクトストレージを強い整合性で扱えるようにするミドルウェアが存在します。AWSのEMRでは**EMR-FS**がその機能を保持しています。ERM-FSではAmazon DynamoDBにS3の状態を格納することで、アプリケーションに対して強い整合性を提供します。ほかにもオープンソースの**S3Guard**というソフトウェアも存在し、こちらもS3への強い整合性を提供するミドルウェアです。整合性の違いは見落としがちなポイントですので、オブジェクトストレージをデータ蓄積に用いる場合は気を付けてください。

● EMR-FS

https://docs.aws.amazon.com/ja_jp/emr/latest/ManagementGuide/emr-fs.html

● Amazon DynamoDB

https://aws.amazon.com/jp/dynamodb/

● S3Guard

https://hadoop.apache.org/docs/r3.0.3/hadoop-aws/tools/hadoop-aws/s3guard.html

まとめ

- ▶ **Hive は処理が安定して大規模なデータを処理できるため、データ全体を加工に向いている**
- ▶ **Presto や Impala は応答が高速であるため、アドホック分析や BI ツールのバックエンドが向いている**
- ▶ **プロダクトごとに実行できる環境やデータ格納先の選択肢が異なる**
- ▶ **HDFS とオブジェクトストレージにデータを格納する際は、整合性の違いに注意する**

175

Chapter 6　ビッグデータの蓄積

05 DWH製品
～アナリティックDBの選び方（後編）～

SQL on Hadoop以外のアナリティックDBはさまざまな製品がありますが、正式な総称はないため本書ではDWH製品（Data Warehouse製品）と呼ぶことにします。具体的なDWH製品とその特徴を説明していきましょう。

Teradata

Teradataはデータベースソフトウェアとハードウェアがセットで販売されているデータウェアハウスアプライアンス製品と呼ばれます。特徴は、ハードウェアがデータベースに最適化された専用ハードウェアであり、複数のディスクから同時にデータを抽出できます。また標準SQLをサポートしているため、UPDATEやDELETEも実行できます。導入するには自社のデータセンターと高額な初期投資額が必要になるため、オンプレミスで大規模なデータウェアハウスを構築したい場合に向いているでしょう。

- Teradata

https://www.teradata.jp/

Redshift

Amazon Redshift（以下Redshiftと略記）は、AWSで利用できるデータウェアハウスサービスです。PostgreSQLベースのSQL文法を利用できます。Redshiftはデータの保持の方法が二つあり、一つはクラスター内に保持する方法であり、もう一つはS3に保持する方法です。

クラスター内にデータを保持する方法では、テーブルをパーティションキーにより複数のコンピューターに分散して保存し、かつRedshift専用の列指向フォーマットに変換して保持します。この方法のメリットは、データが計算を実行するコンピューターに存在するため、より速くデータを抽出できる点です。

一方で、コンピューターに接続されたディスク容量以上のデータを保持できませんし、S3からRedshiftにロードするという一手間が必ずかかります。

S3にデータを保持する方法はRedshift Spectrumの機能を利用することにより実現できます。Spectrumは、RedshiftのクラスターとS3の間にあるデータを抽出するための中間層であり、投入されたクエリを分析しS3にあるデータの必要な部分だけを抽出することにより、データ抽出速度を速めています。この方法のメリットは、データをS3から動かすことなく直接クエリを投入できることです。

クラスター内にデータを保持する方法と、S3にデータを保持する方法は、同時に利用することができます。

● **Amazon Redshift**

https://aws.amazon.com/jp/redshift/

■ Redshiftのアーキテクチャ

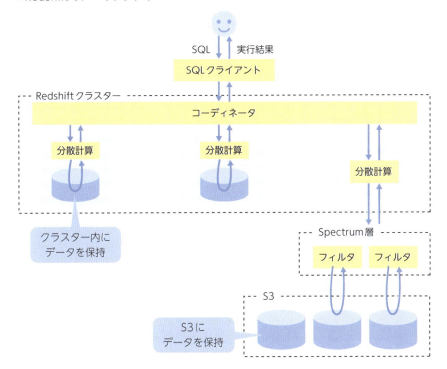

● BigQuery

BigQuery はGCPで利用できるデータウェアハウスサービスです。BigQuery
は標準SQLをサポートし表形式のデータを扱いますが、配列や構造体も格納
できるため通常のRDBよりも柔軟です。

BigQueryの特徴は、クエリごとにその処理量に応じたコンピューティング
リソース「slot」を確保するため、どんなクエリでも一定の処理時間で終わらせ
ることができる点です。これはGCPのリソースマネージャーの秀逸さが実現
していることで、1秒未満で必要なコンピューティングリソースを確保し、1
秒間で1TBのデータを抽出できます。そのため、BigQueryにはクラスターと
いう概念はなく、クエリでスキャンしたデータ量に応じて課金されます。
Redsfhitはあらかじめクラスターを確保する必要があるため、常に固定のコス
トを払う必要がありますが、BigQueryはクエリごとの課金であるため、この
点が大きく違います。

データはオブジェクトストレージであるGCSからBigQueryの中にロードし
て利用することが一般的です。ロードされたデータはBigQuery全体で共通の
分散ストレージに保存されるため、複数のBigQueryでデータを共有すること
が可能です。大企業においては、部門ごとにクエリの費用は負担するがデータ
は共有したいケースが多いため、そのようなユースケースにマッチします。

また、BigQueryはユーザーインターフェースに優れています。データ利用
者はGoogleのアカウントを使ってブラウザから利用できます。専用クライア
ントや認証は一切不要であり、普段利用しているGoogleアカウントからその
まま使えます。この点もRedshiftと大きく異なります。

● BigQuery

https://cloud.google.com/bigquery/

■ BigQueryのアーキテクチャ

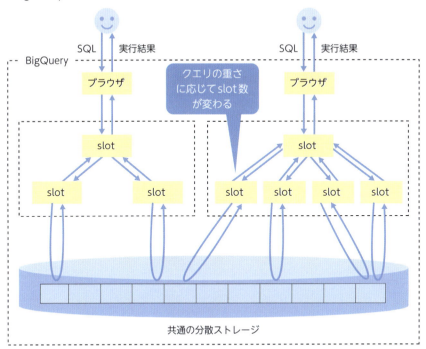

◎ Snowflake

Snowflakeは近年登場したデータウェアハウスサービスであり、AWSまたはAzure上で動作します。以降はAWS上で動作させる場合を説明します。

Snowflakeの利用を開始すると、自動的にクラウド上にSnowflakeの環境が構築されます。データの格納方法は、S3に格納されているデータを、Snowflake専用のS3バケットにロードします。このとき、Snowflake専用のテーブルフォーマットに変換します。分散計算を実行するのは仮想マシンのクラスターであり、仮想マシン中にキャッシュを持っています。

SnowflakeはBigQueryと似ており、ブラウザベースのSQL実行環境があったり、複数組織間でデータを共有したりする機能があります。BigQueryはGCPでしか利用できないため、BigQueryと似たような機能をAWSやAzureで利用したい場合にSnowflakeが選択肢に挙がります。

■ Snowflakeのアーキテクチャ

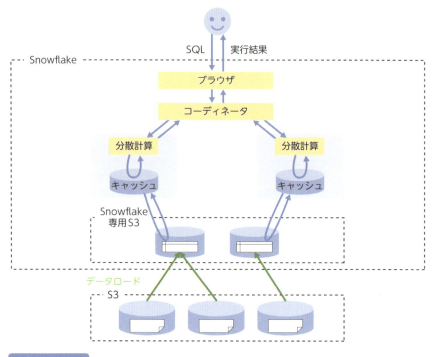

● Snowflake

https://www.snowflake.com/

> **まとめ**
>
> ▶ Teradataは最初から大規模な分析システムの導入が決まっている際に利用する
>
> ▶ RedshiftはPostgreSQLベースのSQL文法を扱うことができ、近年ではS3のデータも直接クエリできるようになった
>
> ▶ BigQueryの特徴はリソースの確保が高速、クエリ単位の課金、ブラウザから簡単に利用できること
>
> ▶ BigQueryのような機能をAWSやAzureで利用したい場合に、Snowflakeを利用するという選択肢が登場した

7章

ビッグデータの活用

ビッグデータの活用とは、蓄積されたデータを用いて意思決定したり企業の利益向上に貢献したりすることです。具体的には三つの活用手段があり、それはアドホック分析、データ可視化、そしてデータアプリケーションです。本章ではこれらについて説明します。また、データを活用する場合はその活用手段に特化したデータマートを用意することが多いため、データマートの作り方も併せて説明します。

Chapter 7 ビッグデータの活用

01 データマート
～目的別に加工されたデータ～

データウェアハウスにあるデータを加工して、目的別のデータにしたものをデータマートといいます。データマートを作る目的は、計算リソースの最適利用と汎用的な集計の統一です。順番に説明していきましょう。

● 計算リソースの削減（目的その1）

　データマートを作らず、データウェアハウスにあるデータだけで活用することも可能です。たとえば、広告配信の利益最大化において、データウェアハウスに蓄積されているカスタマーの行動ログを毎回集計して実施することは可能です。

　しかしデータウェアハウスに格納されているカスタマーの行動ログは、一般的に生データをクレンジングしただけのもであり粒度が細かいです。たとえば、カスタマーのWebサイトにおける行動ログであれば、カスタマーごとのURLをクリックしたタイミングや絞り込み条件を変えたタイミング等、カスタマーの行動の全量です。

　この細かいデータを毎回集計するのは計算リソースの無駄ですし、処理時間もかかってしまいます。多くの場合、必要な行動ログは最近の来訪日時や最近のコンバージョン履歴ですので、**あらかじめその情報を集計したデータマートを作っておく**ことにより、計算リソースの削減ができます。

　図の例では、データウェアハウスの行動ログは1億行に対して、3人が集計をしていますが、それぞれの目的は集計期間が違うだけでやりたいことはコンバージョン数の集計です。

　ここでコンバージョン履歴のみを保持する100万行のデータマートを準備することにより、集計の計算リソースを削減できます。

■ 汎用的なコンバージョン履歴マートによる計算リソースの削減

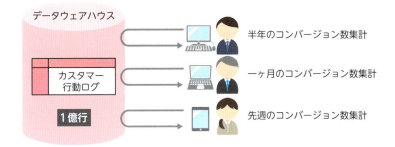

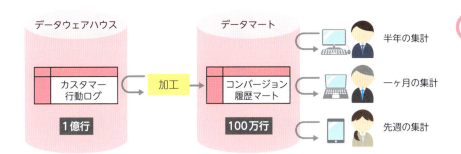

○ 汎用的な集計の統一化（目的その2）

　複数人でデータウェアハウスのデータを直接分析をしていると、同じ項目を集計しているにもかかわらず人によって結果が変わってくることがあります。たとえば、「年間のカスタマーごとの商品ごとの購入数」を集計するときに、Aさんは現在の商品マスターに存在しないデータは集計対象から除き（すなわちINNER JOINを行う）、Bさんは現在の商品マスターに存在しなくても集計対象に含めてしまう（すなわちOUTER JOINを行う）、といったことがあります。なぜこんなことが起こるかというと、Aさんは今ある商品マスターの売上が知りたいという目的であり、Bさんはカスタマーごとの購入数が知りたいという目的で、目的が違うためです。こうなると、この集計結果を活用する意識決定者は、一見同じ集計だが結果が違うというため混乱し、意思決定を間違ってしまう可能性があります。

■ データウェアハウスを直接集計すると人によって結果が違うことがある例

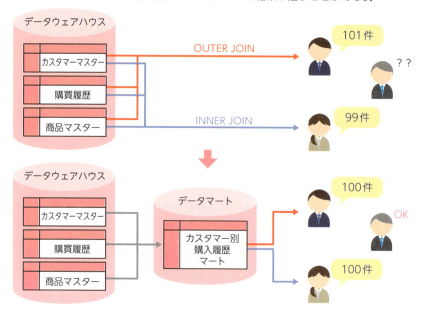

　この問題は、データマートを作りそのデータマートのドキュメントを公開することにより、ある程度解決できます。つまり、データマート「年間のカスタマーごとの商品ごとの購入数」を作り、ドキュメントには「〇〇月△△時点で商品マスターに存在しないものは除く」と仕様を書いておけば混乱はありません。加工処理のソースコード（SQL等）もドキュメントに記載しておけば、より明確でしょう。

● データマートの作り方

　データウェアハウスのデータからデータマートを作る方法を説明しましょう。データマートの作り方は主に三つあります。
　一つ目は **SQL** を利用した方法です。データマートを作るときに必要な計算が集計、結合、ソートなどSQLで完結するものであれば、SQLを利用してデータマートを作ります。多くの場合、SQLの **CTAS**（CREATE TABLE AS SELECT）を用いて、データウェアハウスのテーブル群を加工して、結果を新

しいテーブルとして作成します。

■ SQLによるデータマート作成

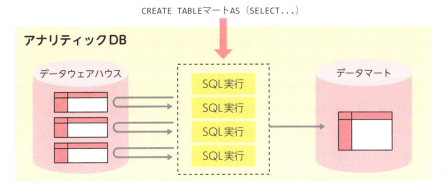

二つ目はSQLに加えて**UDF（ユーザー定義関数）も併せて利用する方法**です。UDFはSQLの中で扱うデータに対して、自分でプログラミングした関数を適用できます。UDFはSQLには用意されていない関数を実現したい場合に用います。たとえば、カスタマーのメールアドレスなどの個人情報を秘匿するために独自に用意したハッシュ関数に入力して元の値がわからないように加工する処理が挙げられるでしょう。HiveやPresto等であればJavaでUDFを書くことができます。BigQueryであればJavaScriptを用いて書くことができます。このようにアナリティックDBごとに利用できる言語は異なりますが、SQLでは実現できないことを実現できます。

■ SQLとUDFによるデータマート作成

三つ目は**外部で計算する**方法です。UDFでは利用できない外部のライブラリを利用する場合や、GPUを使った高速な機械学習をして予測結果をデータマートにしたい場合は、この方法になります。実現するには、外部にコンピューティングリソースを用意し、データをデータウェアハウスから出力して計算し、その結果をデータマートとしてアナリティックDBに書き戻します。

このように三つの方法がありますが、もっとも簡単なのはSQLで実現することです。メンテナンスしやすいですし、データウェアハウスの集計最適化の恩恵も受けられるでしょう。そのため、まずSQLで実現できないか検討し、難しかったり処理が長時間になったりする場合に他の選択肢も考えましょう。

しかし最近では、BigQuery MLのように提供するSQLの文法のみを用いて機械学習が実現できる製品も増えてきているため、選択肢は増えているといってよいでしょう。

■ 外部でデータマートを計算して書き戻す

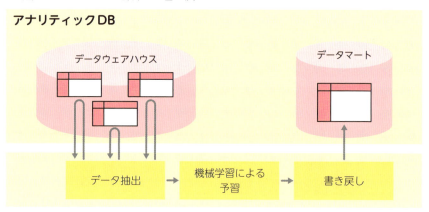

データマート開発運用

このように、**データマートはデータ活用の基礎**になるものであり重要です。データマートの品質が悪いとデータ活用の品質にも直結します。よって品質の高い開発と運用が求められます。

本書の冒頭で、ビッグデータ分析に必要なスキルはビジネス、サイエンス、エンジニアリングの三つであると説明しました。データマートはどのスキルを

持つ人が開発して運用すべきでしょうか。結論からいうと、ビジネスとサイエンスが設計を決めて、エンジニアが開発・運用する体制がよいでしょう。

データマートの設計は、データの中身をよく知っていないと作れません。ビジネスの知識やサイエンスの要件を十分に取り込んで作る必要があります。そのため設計まではビジネスとサイエンスにやってもらいます。

データマートの開発・運用は、エンジニアリングのタスクです。分散処理基盤のアーキテクチャを考えながら、分散処理に適した最適なSQLを開発します。また、日々データマートが生成されるようにジョブコントローラーを設定します。データマートの生成に失敗した場合は、データの復旧作業が必要になるため、運用体制を作ることが必要です。

まとめ

- ▶ 何度も行う汎用的な加工処理はデータマート化することで、計算リソースを最適利用できる
- ▶ 汎用的な集計データマートを使ってもらうことにより、人によって集計結果が異なる問題を解決する
- ▶ データマートはSQLで作ることを第一に考え、無理ならばUDFや外部計算を考える
- ▶ データマートの開発・運用はエンジニアリングで行う

Chapter 7　ビッグデータの活用

02 アドホック分析
～自由にデータを分析して意思決定する～

SQLを用いてデータを分析して、データから知見を得て意思決定することをアドホック分析といいます。企業内の多くのデータ利用者にデータを分析してもらうことが目的であり、データ利用者を意識したシステム作りが必要です。説明していきましょう。

皆に認知され簡単にデータを分析できる環境

　「1人のデータサイエンティストよりも100人のデータを見る社員」という言葉があります。これはすばらしい成果を出す優秀なデータサイエンティストが1人いることよりも、データを見て意思決定できる社員が100人いるほうが、企業にとっては有益という意味です。

　データを見て意思決定することはあたり前に思えますが、意外とできていない企業が多いです。たとえば、日帰りゴルフツアーの商品のキャンペーンをするのに、「30代の男性ならきっとゴルフが好きだろう」と担当者の勘でキャンペーン対象を決めてしまう。こういったことは、データ活用をしているといわれている会社ですら、意外にも平然と行われていたりします。もし、この担当者が社内のデータ分析環境を使ってゴルフ関連のページを見たことのあるカスタマーに絞ることができたら、キャンペーンの効果は大きく改善するでしょう。しかし、そうはならない理由は、その担当者がデータ分析環境の存在を知らない、もしくは知っていたとしても利用することが難しかったためです。もし、社員誰もがデータ分析環境を認知しそれが使いやすければ、このようなことにはならなかったでしょう。

誰でも使えるユーザーインターフェース

　誰でも簡単にデータを分析できるためには、**ユーザーインターフェースやメタデータの開示が重要**です。

　たとえば、データ分析環境を利用するためにデータベースにログインしなけ

188

ればいけない環境や、レガシーなクライアントアプリケーションのインストールが必須な環境では、誰でも利用できる環境とはいえません。多くの社員は利用手順書を見ただけで嫌気がさしてしまうでしょう。そうではなく、WebブラウザからSQLを実行し結果を見られる環境が必要です。加えて、Webブラウザ経由でのPCにあるデータを個人領域にインポートできる機能と、データをPCにエクスポートできる機能も必須です。これぐらい敷居の低いユーザーインターフェースでなければデータ分析環境の普及は見込めません。

■ アドホック分析で求められるユーザーインターフェース

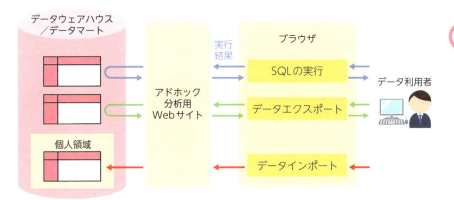

優れたインターフェースの一例としてBigQueryを紹介しましょう。BigQueryの画面のスクリーンショットを見るとわかるように、画面の左側にはテーブルのリストが並び、右上にはクエリの入力画面、そして右下はクエリの出力結果を示す画面となっています。また結果をCSVやJSON形式でダウンロードすることもできます。このように分析に必要なものがすべてブラウザ上に揃っています。

■ BigQueryの画面

● メタデータの開示

　データを分析するためには、利用しようとしているデータの意味や状態を知る必要があります。データの意味や状態を「メタデータ」といいます。メタデータをデータ利用者に開示することが重要です。

　データの意味を知らないとどうなるでしょうか。たとえば、SQLを実行できたとしても、テーブルの列の意味やコードの意味がわからないという状況ではデータ活用はできません。データの意味を簡単に知ることのできるドキュメントやポータルが必要です。

　データの意味に加えて、データの状態を伝えることも重要です。「データが1週間前から更新できていない」や「データに欠損があり集計結果が少なくなる」といったことは、データ分析環境を長期間運用していく上では避けては通れません。こういったデータの品質に関する情報をデータ利用者に伝えることが重要です。データ利用者はデータを利用する前にデータの状態を確認することで、間違った分析する前に気づくことができます。

　最後に注意点として、データの利用者がメタデータの存在に気づけるように、メタデータの存在を周知したり、普段のデータ分析活動の中で目に付く場所に公開することが重要です。せっかくメタデータを整備しても、見られなければ

意味はありません。たとえば、先ほど説明したBigQueryにはテーブルや列のメタデータを書くための説明欄が用意されています。ここにメタデータを記載することにより、データ利用者が分析をしている最中に簡単にメタデータを確認することができます。

■ BigQueryの列の説明欄にメタデータを記載した例

このようなメタデータ管理については第8章で詳しく説明します。

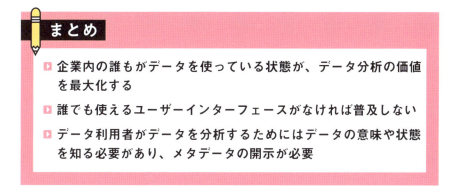

まとめ

- 企業内の誰もがデータを使っている状態が、データ分析の価値を最大化する
- 誰でも使えるユーザーインターフェースがなければ普及しない
- データ利用者がデータを分析するためにはデータの意味や状態を知る必要があり、メタデータの開示が必要

Chapter 7 ビッグデータの活用

03 アドホック分析環境の構築
〜データ利用者サポートや
リソース管理が必要〜

データ利用者が使いやすい環境にするためにさまざまな工夫が必要です。データ利用者サポートに加えて、データ利用者の増加に伴いデータ容量やコンピューティングリソースが枯渇しないような工夫が必要です。

● アドホック分析環境のデータ利用者サポート

アドホック分析はデータ利用者に使ってもらえることが重要ですので、ユーザーインターフェースやメタデータの開示だけではなく、**データ利用者サポートも必要**です。

まずは、一般的なユーザー管理プロセスが必要です。具体的には、利用を開始するための申請窓口や申請プロセス、利用が終了したときの利用停止プロセス、長期間利用していないデータ利用者の棚卸しプロセス、パスワードの発行やリセットのしくみです。

次に、問い合わせ対応窓口の準備が必要です。各種申請や環境の使い方に関する問い合わせだけでなく、データそのものに関する質問や分析の方法について聞かれることも多いため、対応できるメンバーを用意しましょう。

加えて、障害発生時の通知手段も整備しておきましょう。データの遅延、データの欠損、そして分析システムそのもののダウン等の障害が発生したときにデータ利用者に広報する手段が必要です。メールやチャットでの通知でもよいですが、データ利用者が見逃す可能性があるため、データ利用者がアドホック分析をするときに目に付くところに通知を出せるとよりよいでしょう。具体的には、メタデータを閲覧するページやSQLを実行するブラウザに通知できれば、より確実にデータ利用者に伝わります。

また、**データウェアハウス上に個人作業用の領域が必要**です。アドホック分析業務では、自分で用意したデータをアップロードしたり、集計結果を一時的に保存したりする場所が必要です。それに対応するために、個人のデータを格納できる空間を用意します。具体的には、データウェアハウスに個人用途のテー

ブルスペースを作ってあげるとよいでしょう。

■ アドホック分析環境に必要な要素

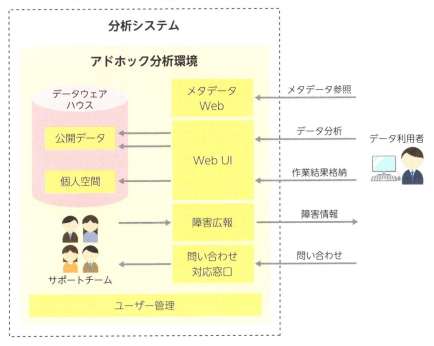

● データ利用量の監視

　データ利用者に制限なくデータを格納されてしまうと保管コストがどんどん高くなるため、**個人がどれだけデータを格納しているか監視するしくみ**が必要です。そして、定期的にチェックを行い一定値を超えたら管理者からデータ利用者に注意するプロセスを作ります。

　このとき、個人ごとにデータ容量の制限を付けてしまうことはおすすめしません。なぜならば、ビッグデータ分析では大量のデータを集計することが必須なので、データ量は気にせず使ってもらうべきですし、管理者側で適切なリミットを予測することも困難です。なので、厳密に容量を制限するハードリミットではなく、監視をしてアラートをするソフトリミットがおすすめです。

● コンピューティングリソースの制限

　アドホック分析は個人が自由にSQLを投入できるため、SQLによってはデータウェアハウスのコンピューティングリソースを使い切ってしまうことも可能です。そうなると、他のデータ利用者のSQLが遅くなるのはもちろん、裏で動いているデータ可視化やデータアプリケーションのための定期実行SQLにも影響があります。一般的に、直接利益に貢献するデータアプリケーションの優先度がもっとも高く、次に定常化された分析であるデータ可視化、最後にアドホック分析という優先度になるでしょう。

■ 一般的な処理の優先度

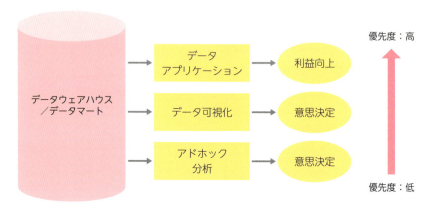

　そのため、**アドホック分析で利用できるコンピューティングリソースを制限する**必要があります。簡単な方法は、処理ごとに利用できるリソースをあらかじめ割り振ってしまう方法であり、データアプリケーションに30%、データ可視化に30%、アドホック分析に40%と割り振ってしまえば、どんなにアドホック分析がリソースを使ってもほかに影響はありません。しかしこの方法だと、ある処理がリソースをほとんど使っていなかったとしても、他の処理がその余剰リソースを使えるわけではないため、全体のリソースの使用効率がよくありません。従量課金のクラウドサービスなら問題にはなりませんが、オンプレミスだとリソースを遊ばせていることになり費用対効果が悪いです。この場合は、優先度が高い処理が動いているときは低い優先度の処理を待たせることで解決

できます。ただし、この優先度設定がどの程度うまく動くかは、データウェアハウスのリソースマネージャ次第ですので、データウェアハウス製品選定のときには注意してください。

● アドホック分析環境の監視

最後にアドホック分析環境の監視について話しましょう。

まずは、**データ利用者数の監視**です。アドホック分析は使われることが目的ですので、使ってくれるデータ利用者数を常に監視します。このとき3週間連続で使ってくれているデータ利用者が何人いるかを監視することがおすすめです。なぜ3週間かというと、データ利用者が実際に分析で活用する場合は1週間で終わることはほとんどなく定期的に利用するためです。反対に、1週間だけ使って居なくなってしまったデータ利用者は、使い勝手が悪く離脱してしまったと考えてよいでしょう。

ほかにも、**データ利用者がどうやって環境を使っているかログに残しておく**のも重要です。具体的には、データ利用者の生成したデータとその容量、日々のコンピューティングリソースの利用量、実行したクエリのログ等をログに残しておきます。これは、システム変更のときの影響調査や、インシデントが発生したときの原因特定等、さまざまなケースで役に立ちます。

まとめ

▷ **一般的なシステムと同じようなデータ利用者管理に加えて、個人作業空間の準備が必要**

▷ **データ利用者ごとのデータ利用量監視と、コンピューティングリソースの制限が必要**

▷ **データ利用者の行動ログを記録しておくと調査のときに便利**

Chapter 7 ビッグデータの活用

04 データ可視化
~誰でもデータをもとに意思決定できるようにする~

データ可視化は、企業の誰でもデータをもとに意思決定をできるようにするための方法です。これを実現するためのBI製品の導入と、BI製品導入のための考慮点を説明していきましょう。

● データ可視化とは

　企業にいる人のデータ分析リテラシはさまざまです。サイエンス担当のようにそれを専門としている人もいれば、役員や営業担当など全くITと関係ない人もいます。アドホック分析環境があったとしても、SQLを書くことができる人は事業組織にごく僅かであり、マーケティング担当など一部の人だけでしょう。いくらSQLが学習しやすいからといって、普段文書作成やメールしかしない営業担当社員や会社役員にとってはプログラミング言語自体敷居が高いでしょう。

■ 企業内のデータ分析リテラシと必要なツール

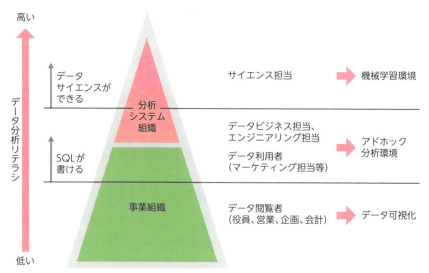

しかし、企業全体がデータをもとに意思決定できるようになるためには、このような人たちもデータの意味を理解し意思決定に利用できるようにする必要があります。この目的を達成するために**データ可視化**があります。企業の誰でもがデータの意味を理解して意思決定に活かせることを目指します。

● BI製品

小さいデータであればスプレッドシートアプリケーションでデータを集計してレポートを作り、意思決定者にメールで送付してもよいでしょう。しかし、ビッグデータは容量が大きいためスプレッドシートアプリケーションにロードすることはできませんし、メールへの添付もできません。

そのような場合にBI（Business Intelligence）製品が役に立ちます。BI製品を利用することにより、ビッグデータを扱うことができ、かつレポートを共有できるWebサイトも作ることができます。BI製品には大きく分けて二つの種類があり、本書では「クエリタイプ」と「内部DBタイプ」と呼びます。

クエリタイプはデータを可視化するたびにデータウェアハウスに対してクエリを発行するタイプのBI製品です。製品の例として、AWSのQuickSightやGCPのGoogleデータポータル等があり、これらはWebアプリケーションとして提供されています。またオープンソースソフトウェアも数多くあり、たとえば「Re:dash」や「Metabase」が有名です。データをチャートにしてデータ閲覧者に共有したいだけであればこれらで十分でしょう。しかしチャート表示のたびにクエリがかかるため、高速なドリルダウンや軸変更はできません。ここがデメリットです。

内部DBタイプはデータウェアハウスからデータを抽出し内部DBに保持し、可視化のときは内部DBのデータを用いるタイプのBI製品です。製品の例として、Tableau社のTableauが有名です。Tableauはデスクトップアプリケーションを主としたBI製品です。デスクトップアプリケーション内部の専用データベースにデータを格納することにより、データの抽出や集計が高速化します。これにより、チャートにおける軸の変更やドリルダウンを即座に実行できるため、データにとって最適な可視化方法を探索できます。これは本格的なレポートの開発には欠かせない機能です。これをクエリタイプのBI製品でやろうとしても応答速度が遅すぎて実際の業務には耐えられないでしょう。

■ クエリタイプのBI製品と、内部DBタイプのBI製品

クエリタイプのBI製品

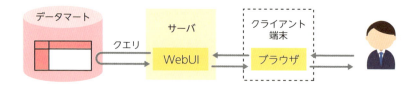

内部DBタイプのBI製品

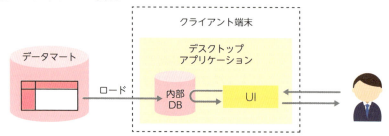

● BI製品導入ときの考慮ポイント

　BI製品を導入するのは、普通のシステム構築と同様に、BI製品をサーバにインストールしてデータウェアハウスとネットワーク接続し、アカウントを発行します。ここまでは簡単ですが、注意すべきはBI製品がどのようなクエリを発行するかという点です。BI製品が発行するクエリが非効率的すぎて、データウェアハウスのコンピューティングリソースが枯渇してしまうということは、よくある問題です。

　最初にチェックすべきは、導入しようとしているBI製品が使っているデータウェアハウス用にチューニングされているかということです。データウェアハウスは、製品ごとに最適なSQLの書き方は違うため、BI製品がそれを理解しているかどうかが重要です。特に、データウェアハウスにてデータをパーティショニングしているときに、そのパーティションを正しくBI製品が指定してくれるかは大きなポイントです。パーティションの指定が正しくされない場合、

毎回データの全量に対してクエリが発行されることになり、とても非効率な処理になります。

　ほかにもBI製品がどのようなタイミングでクエリを発行するかも抑えておく必要があります。具体的には、内部DBタイプのBI製品であれば基本的にレポート更新ときに一回だけクエリを発行しますが、クエリタイプのBI製品であれば軸の変更やドリルダウンのたびにクエリを発行します。内部DBタイプのBI製品であれば、データウェアハウスへの負荷は少ないですが、BI製品の中にビッグデータが保管されることになるため、BI製品そのもののキャパシティプランニングが必要になります。クエリタイプのBI製品はデータウェアハウスに頻繁にクエリがかかるため、他の処理と競合しないように、BI用に専用のコンピューティングリソースを割り当てがよいでしょう。

まとめ

- データ可視化とは、SQLが書けない人でもデータをもとに意思決定できるようにすること
- 内部DBタイプのBI製品は軸の変更やドリルダウンが高速で、最適な可視化方法を探索できる
- BI製品の導入は、BI製品が発行するクエリの特性を事前に把握しておくことが重要

Chapter 7　ビッグデータの活用

05 データアプリケーション
～インターネット事業会社での活用事例～

データアプリケーションとは、データ分析を企業の利益向上に結びつけるアプリケーションです。世の中にはさまざまな種類のデータアプリケーションがありますが、インターネット事業会社での実例をもとに紹介しましょう。

● 売上を向上させるデータアプリケーション

　カスタマーにインターネットサービスを提供する事業会社ではカスタマーのコンバージョン数を増やすことが、売上向上への目標の一つとなります。コンバージョン数を増加させるためには、より多くのカスタマーをサイトに流入させ、流入してきたカスタマーのより多くをコンバージョンさせる必要があります。そのため、ビッグデータ分析を用いてカスタマーの行動ログ等を分析し、広告やUIをカスタマーごとに出し分けることによりコンバージョン数を高めます。順番に説明しましょう。

■広告とUIの出し分けによるコンバージョン数増加

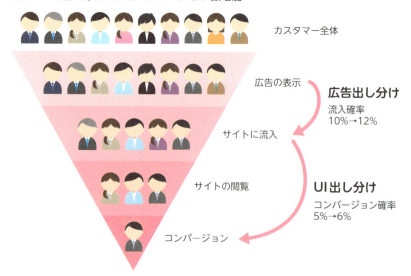

広告の出し分けは、一定のコストと広告掲載の制約の範囲内で、より多くの
カスタマーをサイトに集客することを目的とします。カスタマーが反応しそう
な広告を予測し、カスタマーごとに広告を出し分けることにより、広告閲覧か
らサイト訪問につながる確率を高めます。ほかにも、一度サービスを利用した
カスタマーにサイトに再訪問してもらえるように、キャンペーンを実施するこ
とも活用例の一つです。その方法として、メールマガジンやスマートフォンア
プリケーションのPUSH通知がありますが、これらもカスタマーごとに興味が
ありそうなものを予測して出し分けます。

　UIの出し分けは、カスタマー一人一人が使いやすいUIにすることによりサー
ビスの利便性を向上し、サイトにきてからのコンバージョン確率の向上を狙い
ます。具体的には、カスタマーごとに商品のレコメンドを行い、検索しなくて
も目的の商品にたどり着けるようにします。ほかにも、検索を行った際に、カ
スタマーごとに検索の並び順を変えることも利便性を向上する方法です。また、
カスタマーの行動をリアルタイムに収集し、商品の購入を迷っているカスタ
マーに対してクーポンを発行し、カスタマーの離脱を軽減するデータアプリ
ケーションも実用化されています。

　上記のデータアプリケーションは、いずれもカスタマーのデータを分析する
ことで行います。データウェアハウスに蓄積されているカスタマーの属性や行
動ログをもとに、人手でカスタマーをセグメントに分けてセグメントごとに広
告やUIを出し分ける方法もありますし、機械学習を用いてカスタマー一人一
人に異なった広告やUIを出し分けることもあります。

● コストを削減するデータアプリケーション

　データの活用方法として、コンバージョン数の向上を目指すだけでなく、社
内の業務を効率化することによりコストを削減する方法もあります。

　たとえば、商品に対してタグを付ける作業について、今までは手作業で行っ
ていたものを機械学習を用いてタグを予測し、作業効率を上げるアプリケー
ションがあります。ほかにも、商品の説明文の原稿をレビューする際に、機械
学習により説明文の良し悪しを判定し、悪いと予測されたものをレビューする
ことにより作業工数を削減する事例もあります。これらはカスタマーの行動ロ

グを分析するのとは違い、商品のデータを分析しています。

少し変わった例では、Webサイトのセキュリティ対策チームにおいて、不正アクセス解析の精度を高めるために、カスタマーの行動ログを分析し不正アクセスかどうかの予測をすることも行われています。

● データアプリケーションの優先度とリソース割当

このように分析システムでは多種多様なデータアプリケーションが動作するため、アプリケーションの優先度やリソースの割当を考えることが重要になります。特定のデータアプリケーションがデータウェアハウスのコンピューティングリソースをすべて使い切ってしまい、他のデータアプリケーションが長時間待たされることは避けなければなりません。

そのため、データアプリケーションごとに優先度を設計し、優先度の高いデータアプリケーションにリソースを優先して割り当てるようにします。データアプリケーションの優先度は、スローダウンしたときにどれだけ利益が損なわれるかを基準に考えるとよいでしょう。たとえば、不動産商品のレコメンドであれば、スローダウンにより前日のデータを機械学習の学習データとして使えなかったとしても、カスタマーが購入したい不動産は一日程度では変わらないため、機械学習の予測精度への影響は軽微であり、利益を大きく損なうことはないでしょう。一方、不正アクセスの予測では、直近のカスタマーの行動がもっとも重要なデータであるため、スローダウンによって利用できない期間があると業務そのものが成り立たず、業務効率化が全くできなくなるでしょう。

まとめ

- ▶ インターネット事業会社では、広告やUIの出し分けで利益の最大化を目指す
- ▶ 社内業務を効率化するデータアプリケーションもある
- ▶ データアプリケーションが複数ある場合は、優先順位を付けてリソースを割り当てる

8章

メタデータ管理

本書ではこれまで、データの収集や蓄積そして活用等、データそのものについて説明をしてきました。 しかし、データがどんなにすばらしくても、そのデータの意味や状態を知ることができなければ活用はできません。 データの意味と状態を管理するメタデータ管理について説明しましょう。

Chapter 8 メタデータ管理

01 全体像と静的メタデータ
～メタデータ管理の全体像（前編）～

データの活用にはメタデータ管理が不可欠です。本節ではメタデータ管理の全体像を説明します。また、メタデータには静的メタデータと動的メタデータの2種類がありますが、本節では、静的メタデータの説明をします。

● メタデータ管理の全体像

　データの意味を知らなければデータ分析をすることはできません。また、その日のデータの状態を知らずに分析してしまうと、質の悪いデータで分析をしてしまい事故の原因となります。そのため、データの意味や状態を知ることはデータ分析をする上で必須です。

　データの意味や状態のようなデータに付随する情報を「**メタデータ**」と呼びます。

　メタデータを正しく管理することにより、データ利用者のデータの理解を助けたり、質の悪いデータを利用してしまうリスクを減らせます。

　メタデータ管理は、規模が小さく事業組織と分析組織が近いうちはそれほど必要になりません。なぜならば、分析組織の人がデータの意味や状態を知りたければ、近くに座っている事業組織の人に聞けばよいためです。しかし、規模が大きくなり、事業組織と分析組織が部単位で分かれてくると、データの意味や状態を知るのが難しくなります。こうなってきたときにメタデータ管理が重要になってきます。

● インターネット事業会社でよく使うメタデータ

　Web事業会社におけるデータ分析でよく利用されるメタデータについて、その説明と用途を整理すると、次の表のようになるでしょう。

■ Webマーケティングにおける分析でよく利用するメタデータ一覧

分類	メタデータ	説明	利用用途
静的	データ構造	どのように定義された データか	障害の予防、分析作業効率向上
	データ辞書	そのデータのビジネス上の 意味は何か	分析作業効率向上
	データオーナ	そのデータを生成・管理 しているのは誰か	分析作業効率向上
	データリネージ	そのデータはどこから来て どこに行くのか	障害影響調査、分析作業効率向上
	データ セキュリティ	そのデータは誰が見てよい データなのか	情報漏えいの防止
動的	データ鮮度	いつのデータか	質の悪いデータの利用防止
	データ完全性	データソースと比較して 不正に変更されていないか	質の悪いデータの利用防止
	データ統計値	データの性質が変わってい ないか	障害の予防、 分析作業効率向上
	データ利用頻度	データはどれくらい 利用されているか	データの整理・棚卸し

メタデータにはさまざまな種類がありますが、大きく分けて2種類あり、**変更の頻度が少ない「静的なメタデータ」と日々変化する「動的なメタデータ」**があります。 本節では静的メタデータを説明し、次節で動的メタデータの説明をします。

● 静的メタデータ

静的メタデータは、更新される頻度が少ないメタデータです。

データ構造

データ構造はデータを利用する際に必須の情報であり、データが**どのように定義されているか**を示す情報です。 具体的には列の名前や列の型などがあり、SQLにおけるCREATE TABLE文の中に記載される情報だと思えばよいでしょう。

データ構造が変更されるとデータを利用できなくなるため、その障害を未然

に防ぐためにも、データ構造が変わる前に検知できるしくみが必要です。 加えて、データ構造はデータ利用者が頻繁に調べる情報であるため、データ利用者がブラウザで簡単に検索できるようにWebサイト作り公開します。 このようなサイトを「**データカタログ**」と呼びます。

データ構造はメタデータの中でも特に重要なため、次節以降で詳細に説明します。

データ辞書

データ辞書はデータ構造では表現しきれないような**ビジネス文脈上でのデータの意味**を説明するものです。代表例として、列挙定数の値の説明があります。性別の列に列挙定数の値として0と1があった場合に、データ辞書によって0が男で1が女という意味を知ることができます。 ほかにも「データが生成される過程の説明」「紛らわしい列を区別するための説明」「昔と今で値の意味や範囲が変わっていることの説明」などが、データ辞書で扱うべき情報です。

データ辞書は上記のデータカタログの一つのコンポーネントとして扱い、データ構造と一緒にデータ利用者に公開します。 また、データ利用者がデータ辞書の内容を簡単に編集できるように、編集リクエストやレビュー機能を備えているとよいでしょう。

■ BigQueryの列の説明欄にデータ辞書の内容を記載した例

データオーナ

データオーナは、このデータが**誰によって作られ管理されているか**を示す情報です。 データ構造やデータ辞書を見ても意味がわからないデータは、最終的にデータオーナに聞きに行く必要があります。データカタログにデータオーナの連絡先を記載しておき、データに関する質問が聞けるようにしておくとよいでしょう。

データリネージ

リネージ（Linage）は血統や系列という意味であり、**データリネージ**はデータが**どこから来てどこに行くのか**を表す情報です。 利用用途は二つあり、データに障害が発生したときの影響範囲の調査と、データ生成源の調査です。 リネージも特に重要なため、次節以降で詳細に説明します。

データセキュリティ

データセキュリティは**誰がどのデータを見てよいか**を示す情報です。 データ分析システムでは、売上やカスタマー数など全社員が見るべきデータと、個人情報や企業機密情報など特定の社員しか見てはいけないデータの両方を扱う必要があります。後者のデータについては適切なアクセスコントロールを施し、情報の漏えいを防止する必要がありますが、その元となる情報がデータセキュリティの情報です。

まとめ

▷ **データの意味や状態を知らなければ、データ分析はできない**

▷ **規模が小さいときはメタデータ管理は不要だが、事業組織と分析組織が部単位で分かれてくる頃にはメタデータ管理が必要となる**

▷ **静的メタデータの中でも、特にデータ構造とデータリネージが重要**

Chapter 8 メタデータ管理

02 動的メタデータとメタデータ管理実現方法
～メタデータ管理の全体像（後編）～

前節ではメタデータの全体像と静的メタデータについて説明しました。本節では、動的メタデータの説明と、メタデータ管理の実装方法について説明します。

● 動的メタデータ

動的メタデータは、日々更新されるメタデータです。

データ鮮度

データ鮮度は、そのデータが**いつの時点のデータなのか**を示した値です。カスタマー行動ログのような追記型データであればデータが発生した時間、予約管理テーブルのような更新が入るテーブルでは最後に更新した時刻がデータ鮮度といえるでしょう。データ鮮度をデータ利用者に開示することにより、データ利用者が誤って古いデータで分析してしまうことを防止します。データ鮮度は重要であるため、次節以降で詳しく説明します。

データ完全性

データ完全性はデータ収集や加工においてデータソースと比較して**不正に変更されていないかどうか**を示す値です。データによってさまざまな定義があり、データ収集ではデータの欠損がないこと、マート生成においては仕様どおりに加工されているか等になります。データ完全性をデータ利用者に開示することにより、データ利用者が誤って正しくないデータで分析してしまうことを防止します。

データ統計値

データ統計値は、**データの性質が変わっていないか**を示す値であり、具体的にはレコードの数、テーブル全体のサイズ、1レコードの長さ、NULL値の割合、

値の最大値、値の最小値、値の分布等です。 データ構造に変更がなくても、ビジネスの変化によってデータ統計値は変化します。 その変化を記録しておくことで、データ管理者がデータの変化に気づけるようになります。たとえば、それまで毎日レコード数が単調増加していたテーブルが、ある日を境にレコード数が増えなくなった場合に、データ収集がうまく動作していないことを疑うことができます。 ほかにも、NULLの割合・最大値・最小値といった値は、分析をする前に必ず確認する項目であるため、分析の作業効率向上につながります。

統計値の計算はデータ全体をスキャンする必要がある重い処理です。 そのため、すべてのデータについて統計量を日々計算するのは現実的ではありません。 分析で頻繁に必要となる重要なテーブルについてのみ統計値を計算するようにします。

また、データ利用者はそれぞれよく使うテーブルが異なるため、データ利用者自らがシステムに統計値計算を依頼できるようなしくみを作ると、使いやすいシステムとなるでしょう。

データ利用頻度

データの利用頻度管理は、データの利用者やデータアプリケーションから、そのデータが**どれだけ利用されているか**を示す情報です。 具体的には、データごとの被クエリ回数や被クエリユーザー数になります。

データ利用頻度を蓄積することにより、使われていないデータがわかるため、データの整理・棚卸しに利用できます。 データウェアハウスは無限の容量があるわけではないため、全く使われていないデータはデータウェアハウスからは削除し余計なコストがかからないようにします。

● メタデータ管理の実現方法

ビッグデータ分析業界におけるメタデータ管理の事例の多くは、製品を使うのではなく自前でメタデータ管理アプリケーションを作っています。 有名な事例は米Netflix社であり、Netflix社はメタデータ管理アプリケーションを自前で開発して運用しており、今回説明したほぼすべてのメタデータ管理を実装し

ています。

　一方で、世の中には数多くのメタデータ管理製品が存在します。 しかし、そ
れらの製品を使わずに自前で作る企業が多いのはなぜなのでしょうか。 これは
私の私見となりますが、従来の企業内のデータ分析であれば、データ量は小さく
扱うデータベースもRDBがほとんどでした。 これならば既存の商用製品がうま
く活用できるでしょう。 しかしビッグデータ分析となると、データ量が大きくメ
タデータの計算も分散処理が必要になるため、単一コンピューターでの動作を前
提としていた製品では対応できません。 また、非構造化データも扱うため、
RDBだけを前提としていた製品では使えません。 これらの理由から既存の製品
はうまくマッチせず、自分で作ったほうがよいという判断になると考えています。

　今まではビッグデータ分析にマッチしたメタデータ管理製品がなかったた
め、自前で作る企業が多かったのですが、今後は製品が拡充されてくると考え
ています。 最近リリースされたビッグデータ分析向きのメタデータ管理製品と
して紹介したいのは、GCPの**Data Catalog**（2019年5月時点でベータ版）です。
これはメタデータ管理サービスであり、BigQueryやGCSといったデータソー
スからメタデータを収集し、主にデータ構造管理とデータセキュリティ管理を
実現しています。 今後はData Catalogのようなビッグデータ分析向けかつクラ
ウドサービスのメタデータ管理サービスが登場してくることでしょう。

● **Data Catalog**
https://cloud.google.com/data-catalog/

● データマネジメント知識体系DMBOK

　本書で紹介しているメタデータ管理、Webマーケティングにおける分析シ
ステムでよく利用される管理手法のみを紹介しています。 しかし、一般的に
はメタデータ管理はデータマネジメントの一環であり、データマネジメントに
ついては今まで多くの研究がなされてきました。

　その中で一つ紹介したいのが、データマネジメントの知識体系として著名な
DMBOK（Data Management Body of Knowledge）です。DMBOK第一版ではデー
タガバナンス全体を以下の9項目と定義しています。 他のメタデータやデー

タマネジメント全体に興味がある人はDMBOKの書籍を読んでみるとよいでしょう。

● **DMBOK**

http://www.drinet.co.jp/dmbok

■ DMBOK第一版のデータガバナンス管理項目

	項目
1	データアーキテクチャ管理
2	データ開発
3	データオペレーション管理
4	データセキュリティ管理
5	リファレンスデータとマスタデータ管理
6	データウェアハウジングとビジネスインテリジェンス管理
7	ドキュメントとコンテンツ管理
8	メタデータ管理
9	データクオリティ管理

まとめ

▶ 動的メタデータでは、データ鮮度が特に重要

▶ ビッグデータ分析の業界では、メタデータ管理は自前で作ることが主流だったが、今後はクラウドサービスが発展してくる

▶ 今回紹介したメタデータ管理はデータマネジメントの一部であり、全体を把握したい場合はDMBOKを調べる

Chapter 8 メタデータ管理

03 データ構造管理
～どのように定義されたデータか～

データ構造とは、そのデータがどのように定義されたかを示すメタデータです。データ構造管理にはデータの調査効率を上げる目的と、データ構造変更による障害を未然に防ぐ目的の二つがあります。

● データ構造管理

データ構造管理で管理する項目は、CREATE TABLE文で指定できるものを想像するとわかりやすいです。 具体的には、テーブル名、列名、列の型が必須項目であり、任意項目としてテーブルの説明、列の説明、主キー、外部キー、列挙定数などがあります。

データ構造管理には二つの目的があります。

一つ目は、**データの調査効率化**です。 データ構造はデータを利用するために必須な情報ですので、Webサイトなど誰でも簡単にアクセスできる場所に公開し、データ利用者に簡単に調べられるようにしておくことが重要です。この用途のシステムを「データカタログ」といいます。

二つ目は**データ構造変更の検知**です。 データ構造が変わるとデータが利用できなくなり障害になるため、事前にデータ構造の変更を検知できるしくみが必要です。

順番に説明していきましょう。

● データカタログ

データ構造をWebサイトなどで公開し検索できるようにしたものを「**データカタログ**」といいます。 データカタログを整備することで、分析業務を効率化できます。

データ分析をするときに、テーブル構造を確認することは必須です。 データウェアハウスに対してSHOW CREATE TABLE文などのSQLを発行すること

で調べることができますが、手間がかかり作業効率が上がりません。特に事業担当者とデータ活用の打ち合わせをする際に、実際のテーブル構造を見て議論することは頻繁にありますが、このとき毎回データウェアハウスにクエリを発行しているようでは打ち合わせは成り立たないでしょう。

そのため、データ構造はデータ利用者がいつでも確認できるように、データカタログで公開されていることが好ましいです。これならば、打ち合わせの際にデータカタログを見ながら打ち合わせを進めることができます。

■ データ構造を調べるときの手間の違い

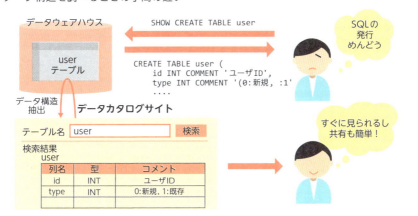

ここでのポイントは、データカタログはテーブルの列を一意識別できるURLを設計するということです。これにより、データに関するコミュニケーションをするときにURLベースで会話できるようにします。たとえば、列の内容をデータオーナに質問するときなどに、「データカタログのこの列（http://xxxx/yyy）ってどうやって計算されているのですか？」と会話できるので、認識齟齬が発生せず効率的です。

また、必須項目のテーブル名、列名、列の型だけでは情報量が少ないため、テーブルの説明や列の説明を入れるような運用ルールにしておくことにより、データの理解が容易になりさらに作業効率は上がります。そしてこの説明文に対して全文検索できるインターフェースを用意します。これによりデータ利用者は自然言語でデータの説明を検索できるようになります。

◯ データカタログの責任者

　このようにデータを自然言語で簡単に検索できると便利なのですが、実際の現場では簡単には実現できません。それは、データの説明を入れる運用ルールの実現が難しいためです。データの説明を入れるのは、データを生成している事業システム側ですが、彼らには分析システムのためにデータの説明を入れるモチベーションはありません。そのため、せっかくデータカタログがあってもデータの説明がほとんど埋まっておらず、データの理解ができないという状態はよくあります。

　この状況を打破するためには、データカタログの責任者を企業に置くことです。データカタログの責任者は、事業組織に属しデータの説明を書くことを責務とします。

■ データカタログの責任者

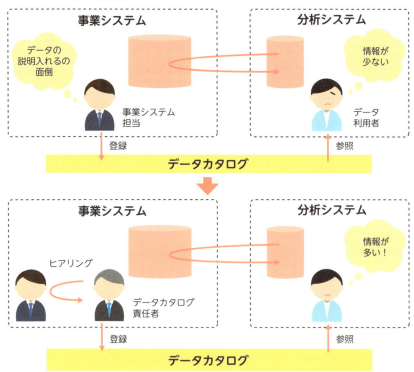

データ構造変更の検知

　データ構造管理には、データカタログだけでなく、データ構造変更の検知という重要な管理項目があります。　具体的には、データ構造変更管理を事業システム側と協力して管理することで、データ構造変更を事前に検知し、障害を未然に防ぐことを指します。

　もし、データ構造変更に事前に気づけないとどのようなことが起こるのでしょうか。データ構造変更は、データの収集やその後のマート生成、そしてデータ活用に影響があるかもしれない重要なイベントです。　列の増加はその列を利用しないだけでよいため既存の処理への影響は軽微ですが、列の変更や削除はその列を利用しているSQLが動作しなくなるため障害となります。アドホック分析業務であれば分析で利用しているSQLが使えず業務が滞りますし、データ可視化であればレポートが生成できず意思決定ができません。　そしてデータアプリケーションであれば、アプリケーションが障害となり最悪の場合企業の利益に損害を与えることになります。

　そのため、データ構造変更については事前に内容を把握し、事業システムと足並みを揃えて計画的に対応していくことが必要となります。　これを実現するために、事業システムが分析システムに対して、データ構造の変更を知らせるしくみが必要です。

データ構造変更の検知の実現方法

　データ構造管理は、事業システムの担当者と分析システムの利用者の両方からアクセスできるWebサイトに構築し、事業システム担当者がデータ構造の変更を登録し、分析システム利用者がそれを見られる形にすることが望ましいです。

　しかし、企業内において分析システムよりも事業システムが優先されることが多く、事業システム担当者にデータ構造変更を都度登録してもらうことは難しいでしょう。　その場合は、事業システムのデータ定義ドキュメントの場所を教えてもらい、そのドキュメントを解析してデータ構造を抽出する必要があるでしょう。　この方法であれば事業システムの担当者に負荷を与えることな

く、データ構造の変更を検知できます。しかし、この方法はドキュメントの更新忘れや緊急の本番リリースなど、ドキュメントの紛れが多いです。確実に障害の事前予防をしたければ、事業システムの担当者に登録を強制させるプロセスが必要になります。

■ データ構造の変更を登録する方法

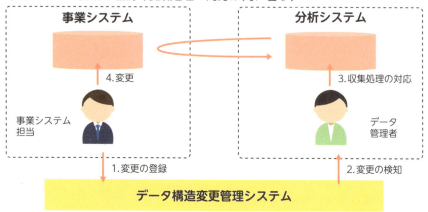

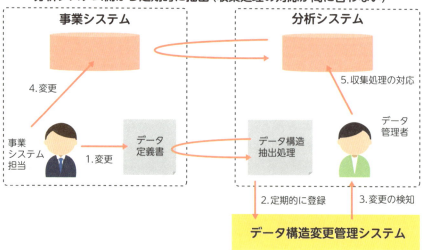

データカタログとデータ構造変更管理システム

　データカタログとデータ構造変更管理システムはデータ構造を他の組織と共有する点では同じように見えますが、上記のように明確に用途が違います。また、求められるサービスレベルも違います。データカタログは多少システムが停止しても、データ利用者がデータの調査に時間がかかるだけで業務影響は軽微ですが、データ構造変更管理システムが停止すると、最悪の場合データ構造変更に対応できずシステム障害となります。

　扱うメタデータは同じであるため、二つのシステムを同じWebサイトとして同居させてもよいですが、要件の違う二つの業務を行っていることを忘れずに開発運用することが重要です。

8

メタデータ管理

まとめ

▶ **データ構造を公開して検索できるサイトをデータカタログといい、データの調査効率を上げる**

▶ **データカタログにデータの説明を拡充するには専任の担当者が必要**

▶ **データ変更管理システムは、障害予防のためのであり、事業システム担当者に登録してもらうのが理想**

Chapter 8　メタデータ管理

04 データリネージ管理
～そのデータはどこから来てどこに行くのか～

データが生まれた事業システムから、データが活用されるシステムまで、どのようにデータが移り変わっていったか追跡することがデータのリネージ（Linage）です。なぜリネージを管理する必要があるか説明しましょう。

● データリネージを管理しないと何が起きるのか

「このデータはどこから来たのか？」「このデータはこの後どこに行くのか？」これらの問いに答えられないと何が起こるのでしょうか？

　まずは「**どこから来たのか**」を答えられないと困る例ですが、たとえば提出された二つのレポートの値が一致しないと問い合わせが来たケースを考えます。一つ目のレポートのページビュー数と、二つ目のレポートのページビュー数が合わないという問い合わせです。この問いに答えるのにリネージの管理が必要です。リネージ管理ができていれば、一つ目のレポートはWebサーバのアクセスログから集計し、二つ目のレポートはブラウザに埋め込まれたJavaScriptのログから集計したとわかり、原因が特定できるでしょう。

■ データリネージ管理でソースデータの調査

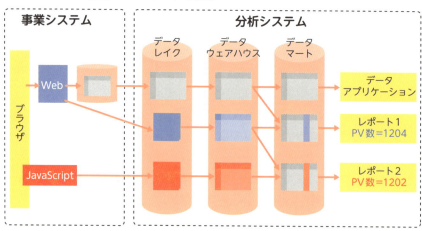

次に「**どこに行くのか**」を答えられないと困る例ですが、これはデータ収集の障害発生時の影響調査でしょう。事業システムのメンテナンスや、突然のデータ構造の変更等、データ収集が失敗することはよくあります。このとき、業務影響がどれくらいあるかを調べるには、データが「どこに行くのか」を知らなければわかりません。業務影響がわからないのでとりあえず上司にエスカレーションして騒いだものの、実は問題のデータは週次更新のレポートにしか使われておらず、翌日までに復旧すればよかった、といったことはよくあります。

■ データリネージ管理で影響範囲を調査

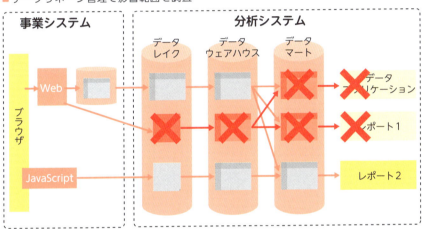

このような理由から<u>**データリネージ管理**</u>が必要です。実際の現場では、後者の障害発生時に困るという理由でリネージ管理を始め、結果としてレポートの説明等にも役立つ、という物事の進み方になることが多いです。

● データリネージ管理の実現方法

データリネージ管理はどのように実現したらよいでしょうか。

データウェアハウス製品の中には、データリネージ管理をしてくれる製品があります。たとえばCloudera社の**Cloudera Navigator**では、流れている処理を解析し、どのデータからどのデータを生成したか追跡できる機能があります。

● **Cloudera Navigator**

https://www.cloudera.com/products/product-components/cloudera-navigator.html

　しかし、一つのデータウェアハウスで分析業務が完結することはありません。事業システムはデータウェアハウスの外側ですし、データウェアハウスからデータを抜き出して行う機械学習等、さまざまな処理があります。

　そのため、実際の現場では自前でデータリネージを管理するシステムを用意します。具体的には、データを生成する処理すべてに対して、どのデータを入力しどのデータを出力するのか、データリネージ管理システムに登録するようにします。

■ データを生成する処理がリネージ情報を登録する

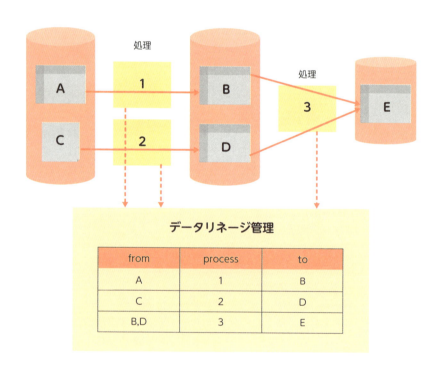

次に詳しく説明するデータ鮮度管理システムと一緒のしくみに乗せることができれば、情報が集約されてより使いやすいシステムとなるでしょう。

■ Cloudera Navigatorのリネージ機能

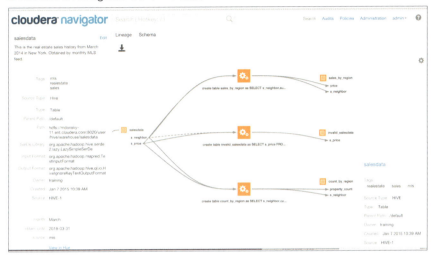

まとめ

- そのデータがどこから来たかわかると、データの生成源を特定できる
- そのデータがどこに行くのかがわかると、障害時の影響調査ができる
- 既存のデータリネージ管理製品でカバーできない範囲は、自前でリネージ管理システムを作る

221

Chapter 8　メタデータ管理

05 データ鮮度管理
～そのデータはいつ時点のデータなのか～

データの鮮度が管理されないと、誤って古いデータで意思決定をしてしまったり、データアプリケーションの効果が損なわれて利益の毀損につながったりします。データ鮮度を管理して、事故を未然に防ぎましょう。

● データ鮮度が管理されていないことによる事故

　具体的にデータ鮮度が管理されていないことで、どのような事故が起こるのでしょうか。

　まずは、商品レコメンドのケースでしょう。カスタマーの行動データをもとに商品をレコメンドするケースでは、直近のカスタマーの行動がレコメンドする上でもっとも重要なデータですので、データの鮮度が劣化していると予測の精度が下がり、結果商品レコメンドから売上向上につながる割合が下がってしまいます。

　ほかにも、マーケティングメールでも問題は起きます。マーケティングメールは、カスタマーが受け取るかどうか選択でき、受け取らないことをオプトアウトといいます。このオプトアウトデータはテーブルで管理しますが、このテーブルのデータの鮮度が劣化していることに気づかずターゲティングのリストを作ってしまうと、本来送ってはいけないカスタマーにメールを送ってしまい、評判の悪化やカスタマーの離脱につながります。

　データ可視化もデータ鮮度が重要です。 週の初めに先週の売上情報をもとに、一週間の営業活動計画を立てることはよくあります。 そのとき、データの鮮度が劣化して金曜日までのデータしかレポートになかったら、計画ができず業務ができません。 データの鮮度劣化に気づけばまだよいですが、鮮度劣化に気づかずにいつもより売上が少ないと誤った判断をしてしまうと、より大きなダメージになります。

222

● データ鮮度の定義

　データ鮮度はデータがいつの時点かを示す値なのですが、データの種類ごとに定義する必要があります。 具体的には、時系列で追記だけされるデータと更新があるデータでは、データ鮮度の定義方法が変わってきます。

　収集するデータが時系列で追記されるだけのデータであれば、そのとき収集したデータのタイムスタンプを採用すればよいでしょう。

　収集するデータが更新される場合は工夫が必要です。 データの中に更新日時を格納してもらい、もっとも新しい更新日付をデータの鮮度とします。 事業システムとの調整がうまくいかず、データの中に更新日付を入れられない場合は、別のしくみで最終更新日時を収集する必要があります。 たとえば、事業システムに更新履歴テーブル等を用意してもらい、その値をデータ鮮度に採用します。 それも難しい場合は、データを収集した日時を採用するしかないでしょう。 しかし、データソースに更新がなかった場合に問題があり、このときもデータ収集した日時は最新化されますので、実態と乖離してしまいます。

● データ鮮度の伝搬と再定義

　データ収集のタイミングでデータの鮮度を定義して、データレイクにあるデータに鮮度が定義できたとしても、その後に続くデータウェアハウスやデータマート、そしてデータを活用するデータ可視化やデータプリケーションに、そのデータ鮮度が正しく伝わる必要があります。これに必要になることがデータ鮮度の伝搬と再定義です。

　データレイクからデータウェアハウスに一次加工して格納するような処理であれば、元データと出力データは一対一であるため、元データのデータ鮮度を出力データに伝搬すればよいです。 一方、データウェアハウスの複数のテーブルからデータマートを作るような処理では、元データのデータ鮮度が複数存在するため、データマートの鮮度を機械的に決めることができません。そのため、データマートの目的に応じてデータ鮮度を再定義する必要があります。

8

メタデータ管理

223

■ データ鮮度の伝搬と再定義

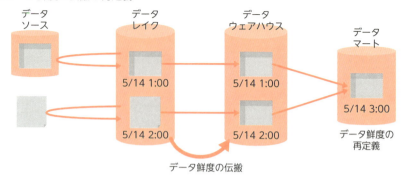

◉ データ鮮度の記録

　データ鮮度を記録する方法は大きく分けて二つあり、これからそれらを「埋め込み方式」と「外部管理方式」と名付けて説明します。**埋め込み方式**は、データに列を追加してその列にデータ鮮度を記録します。**外部管理方式**は、別途データ鮮度管理システムを作り、分析システムのデータに変化を与える処理はデータ鮮度を登録するしくみにします。具体的には、データ収集、一次加工、マート生成において生成したデータのデータ鮮度をデータ鮮度管理システムに登録します。外部管理方式はデータとそのメタデータが違う場所にあるため、二つを一貫性を持って更新しないとデータと鮮度が食い違う可能性があります。たとえば、データ収集が完了した後に鮮度の登録に失敗したときに、収集したデータを元に戻さなければデータと鮮度が食い違うことになります。

　このように外部管理方式はデメリットが多いですが、実際のビジネスの現場においては、埋め込み方式方法よりも、外部管理方式のほうが多いように見受けられます。その理由の一つは、データ鮮度の管理は、分析システムの発展の中で後半になることが多いためでしょう。データ分析システムはスモールスタートで作り始めるため、最初はデータ鮮度は気にせずに始めます。そして、システムが大きくなりデータの鮮度が重要になってきたときには、データ鮮度をデータの中に埋め込むような変更は、変更コストが大きすぎて実現できないのです。

■ データの鮮度の記録

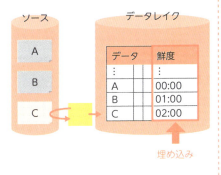
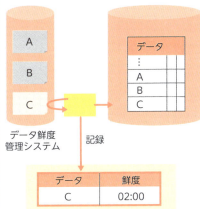

> **まとめ**
>
> - データの鮮度劣化は利益の損失や意思決定誤りにつながる可能性がある
> - 更新が入るデータの鮮度定義は難しく、事業システムとの協力が必要
> - データ鮮度は埋め込み方式が望ましいが、実情は外部管理方式になるケースが多い

おわりに

　本書はいかがでしたでしょうか。細かいことをいろいろ説明しましたが、理解いただきたいのは「意思決定や利益向上に寄与するビッグデータ分析システムを作ろうとすると、いろいろ考えることがある」ということです。そして、そのためにはエンジニアリングの力が重要であるということです。

　本書は、私がこれまで仕事してきた二つのインターネット事業会社と、個人事業主としてコンサルタントをやっていた経験をもとに書かれています。実際の現場では、データサイエンスという華々しい仕事の裏側で、泥臭いデータの準備や本番システム運用をするエンジニアが必要とされていました。かつ、この部分を担当できる人員が極端に不足していました。データサイエンティストはその価値が認められ優秀な学生が目指す職種の一つとなっていましたが、一方でデータエンジニアは職種そのものが認知されていませんでした。

　しかし、本書を執筆している2019年では状況が少しずつ変わりつつあります。機械学習ブームがピークを越えて、実際にどうやってシステム化するかに注目が集まりつつあります。データ準備や機械学習の本番システム化に関する講演や発表が増えてきましたし、この分野にフォーカスした製品も数多く発表されています。また、9月にはニューヨークでML Ops（機械学習の運用）に関するカンファレンスが行われます。データエンジニアという職種も徐々に認知されてきたように思えます。

　本書を通して、エンジニアリングの重要性が理解され、データを元に意思決定や利益向上ができる本番システムが一つでも多くできればと願っております。

　最後に、本書のレビューに協力いただいた関根嵩之さんと佐伯嘉康さん、そして執筆の機会を下さった矢野俊博さんに深い感謝しています。ありがとうございました。

索引　Index

記号・アルファベット

AB テスト 98, 112

Amazon Athena 174

Amazon EMR 137, 173

Amazon Redshift 81, 149, 176

Amazon S3 .... 66, 159, 177

Amazon SageMaker Ground Truth 90

Amazon Web Services 66

Apache Arrow 166

Apache Beam 149

Apache Flink 149

Apache Hadoop 48, 78

Apache Hive 70, 170

Apache Impala 172

Apache Kafka 148

Apache ORC 166

Apache Parquet 166

Apache TEZ 170

Apache ソフトウェア財団 78

API 43, 96, 132

Application Programming Interface

.... 43, 132

Arrow 166

Athena 174

Aurora 163

Avro 121

AWS 66

Azure 159

BackPressure 145

Beam 149

BigQuery 77, 81, 178

BI製品 24, 197

BLOB Storage 159

Business Intelligence 24, 197

Cloud Dataflow 149

Cloud Data Fusion 81

Cloud Dataproc 173

Cloud Functions 149

Cloud Machine Learning Engine 150

Cloud Pub/Sub 149

Cloudera 159, 173

Cloudera Navigator 219

Colaboratory 108

Columnar 166

CSV 121, 128

CTAS 184

Data Catalog 210

DataNode 64

DataRobot 110

Data Warehouse製品 176

DMBOK 210

DWH製品 165, 176

DynamoDB 163, 175

Embulk 137

EMR 173

EMR-FS 175

ETL 136

Field-Programmable Gate Array 113

Flink 149

FPGA 113

227

GCP	77	Metabase	197
GCS	159	Microsoft Azure	159
GitHub	108	MongoDB	163
Glue	81	NameNode	65
Google Cloud Dataproc	173	NFS	116
Google Cloud Platform	77	NoSQL	96, 163
Google Cloud Storage	159	NumPy	106
Google データポータル	197	Oracle	163
GPU	33, 56	ORC	166
Hadoop	48, 78	Pandas	106
HBase	78	Parquet	166
HDFS	48, 64, 159, 174	PostgreSQL	176
Hive	70, 170	Presto	172
Hive メタストア	170	Python	106
Hortonworks	159	QuickSight	197
Impala	172	RDB	163
IOPS	58	Re:dash	197
IoT	44	Redshift	81, 149, 176
jmap	61	Redshift Spectrum	177
JSON	49, 121, 132	S3	66, 159, 176
Jupyter Lab	108	S3Guard	175
Jupyter Notebook	106	SageMaker	109
Kafka	148	Simple Queue Service	148
Kinesis Data Analytics	149	Snowflake	165, 179
Kinesis Data Firehose	149	Spark Streaming	149
Kinesis Data Streams	148	SQL on Hadoop	165, 170
Lambda	149	SQL Server	163
MapR	159, 173	Sqoop	137
MapR-FS	159, 173	Tableau	197
MapReduce	69, 78, 170	Tensor Processing Unit	113
Matplotlib	106	Teradata	165, 176
Memory Analyzer	61	TEZ	170

索引 Index

TPU 113
TSV 121
UDF 185
YARN 77
Zookeeper 78

あ行

アドホック分析 19, 23, 52, 188, 192
アナリティックDB 50, 161, 163
アナリティックデータベース
....50, 161, 163
アノテーション 90, 109, 113
ウインドウ集計 141, 142
エンジニアリング担当 20, 32
エンドポイント 132
オブジェクトストレージ
.... 48, 66, 159, 174
オペレーショナルDB 50, 161, 162
オペレーショナルデータベース
.... 50, 161, 162

か行

カーソル 124
可視性タイムアウト 145
機械学習 16, 84
強化学習 84
教師あり機械学習 - 回帰 84
教師あり機械学習 - 分類 84
行指向 163
教師なし機械学習 84
クラスター 76
結果整合性 66, 175

さ行

更新ログ 130, 138
構造化データ 14, 158
コーディネーター 12, 69
コンシューマー 140, 144, 149
コンバージョン 29, 182, 200

サイエンス担当 20, 31
事業システム 40, 120, 152, 214
事業システム担当 20, 215
事業組織 20, 204
順序性保証 144
準同期レプリケーション 130
ジョブコントローラー 25
推定済みモデル 16, 31
スクレイピング 133
ストリーム処理 46, 141
ストリームデータ収集
.... 46, 117, 118, 140, 144
スライディングウインドウ 142
スワップアウト 60
静的メタデータ 204
線形回帰分析 87

た行

ターゲティング広告 29, 53
タンブリングウインドウ 142
強い整合性 67, 175
ディープニューラルネットワーク 103
ディープラーニング 102
データアプリケーション .. 19, 26, 53, 200
データウェアハウス 19, 50, 158, 182

229

データ閲覧者 20, 24, 197
データオーナ 205, 207
データ可視化 19, 24, 53, 196
データカタログ 206, 212
データ完全性 205
データクレンジング 160
データ構造 51, 205
データ辞書 51, 205
データセキュリティ 205, 207
データ鮮度 51, 205
データ統計値 205, 208
データバリデーション 160
データビジネス担当 20, 29
データマート 42, 52, 182
データリネージ 51, 205, 207, 218
データ利用者 20, 192
データ利用頻度 205, 209
データレイク 18, 48, 158
デッドレター 145
動的メタデータ 205, 208
トークン 132
特徴量 31, 92
特徴量エンジニアリング 31, 92
特徴量抽出 92, 95
トリガファイル 120

な行

ニューラルネットワーク 104
ノートブック 33

は行

ハイパーパラメーター 94

ハイパーパラメーターチューニング 94
バッチデータ収集 46, 116, 136
非構造化データ 14
フェッチ 124
符号化 166
プロデューサー 140, 148
分散キュー 140, 144, 148
分散計算 69
分散処理 12, 56, 78
分散ストレージ 48, 66
分析システム 40, 153
分析組織 20, 204
冪等 144
ボトルネック 56

ま行・や行・ら行

前処理 91
メタデータ 32, 51, 190, 204
目的変数 85
モデル 16, 85, 93
モデル推定 85, 94
ユーザー定義関数 185
リードレプリカ 65
リソースマネージャ 76
リレーショナルデータベース 163
列指向 164, 166
列指向フォーマット 32, 166
レプリケーション 65
ローカリティ 66

著者紹介

渡部徹太郎（わたなべてつたろう）

東京工業大学大学院 情報理工学研究科にてデータ工学を研究。株式会社野村総合研究所にて大手証券会社向けのシステム基盤を担当し、その後はオープンソース技術部隊にてオープンソースミドルウェア全般の技術サポート・システム開発を担当。その後、株式会社リクルートテクノロジーズに転職し、リクルート全社の横断データ分析基盤のリーダーをする傍ら、東京大学での非常勤講師やビッグデータ基盤のコンサルティングを実施。また、日本AWSユーザー会のビッグデータ支部を設立した。現在は、JapanTaxi株式会社にてデータプラットフォームを担当している。代表著書は「RDB技術者のためのNoSQLガイド」。

■ お問い合わせについて
・ ご質問は本書に記載されている内容に関するものに限定させていただきます。本書の内容と関係のないご質問には一切お答えできませんので、あらかじめご了承ください。
・ 電話でのご質問は一切受け付けておりませんので、FAXまたは書面にて下記問い合わせ先までお送りください。また、ご質問の際には書名と該当ページ、返信先を明記してくださいますようお願いいたします。
・ お送り頂いたご質問には、できる限り迅速にお答えできるよう努力いたしておりますが、お答えするまでに時間がかかる場合がございます。また、回答の期日をご指定いただいた場合でも、ご希望にお応えできるとは限りませんので、あらかじめご了承ください。
・ ご質問の際に記載された個人情報は、ご質問への回答以外の目的には使用しません。また、回答後は速やかに破棄いたします。

■ 問い合わせ先
〒162-0846
東京都新宿区市谷左内町21-13
株式会社技術評論社 書籍編集部
「図解即戦力 ビッグデータ分析のシステムと開発が
　これ1冊でしっかりわかる教科書」係

FAX：03-3513-6167

技術評論社ホームページ　https://book.gihyo.jp/116/

■ 執筆協力	関根嵩之、佐伯嘉康
■ 装丁	井上新八
■ 本文デザイン	BUCH⁺
■ 本文イラスト	リンクアップ
■ DTP	リンクアップ
■ 編集	矢野俊博

図解即戦力
ビッグデータ分析の システムと開発がこれ1冊で しっかりわかる教科書

2019年 11月20日　初版　第1刷発行
2021年 6月23日　初版　第2刷発行

著　者　渡部徹太郎
発行者　片岡　巌
発行所　株式会社技術評論社
　　　　東京都新宿区市谷左内町21-13
　　　　電話　　03-3513-6150　販売促進部
　　　　　　　　03-3513-6160　書籍編集部
印刷／製本　株式会社加藤文明社

©2019　渡部徹太郎

定価はカバーに表示してあります。
本書の一部または全部を著作権法の定める範囲を超え、無断で複写、複製、転載、テープ化、ファイルに落とすことを禁じます。
造本には細心の注意を払っておりますが、万一、乱丁（ページの乱れ）や落丁（ページの抜け）がございましたら、小社販売促進部までお送りください。送料小社負担にてお取り替えいたします。

ISBN978-4-297-10881-6 C3055　　　　　　Printed in Japan